职业教育烹饪（餐饮）类专业"以工作过程为导向"
课程改革"纸数一体化"系列精品教材

MIANSU GONGYI

面塑工艺

主　编　牛京刚　李　寅

副主编　宋　旭　王　辰

参　编　向　军　吴云香

华中科技大学出版社
http://www.hustp.com
中国·武汉

内 容 简 介

本教材是职业教育烹饪(餐饮)类专业"以工作过程为导向"课程改革"纸数一体化"系列精品教材。

本教材共五个单元,内容包括果蔬类典型面塑的制作、花卉类典型面塑的制作、动物类典型面塑的制作、祥瑞神兽类典型面塑的制作、神话人物类典型面塑的制作。

本教材可供职业教育餐饮类专业学生使用,也可作为中小学生职业体验、外宾培训等的培训教材以及广大面塑爱好者的阅读书籍。

图书在版编目(CIP)数据

面塑工艺/牛京刚,李寅主编.—武汉:华中科技大学出版社,2020.9(2023.2重印)

ISBN 978-7-5680-6597-9

Ⅰ.①面… Ⅱ.①牛… ②李… Ⅲ.①面塑-装饰雕塑-中等专业学校-教材 Ⅳ.①TS972.114

中国版本图书馆 CIP 数据核字(2020)第 177277 号

面塑工艺
Miansu Gongyi

牛京刚 李 寅 主编

策划编辑:汪飒婷

责任编辑:毛晶晶 张 琳

封面设计:原色设计

责任校对:张会军

责任监印:周治超

出版发行:华中科技大学出版社(中国·武汉) 电话:(027)81321913

武汉市东湖新技术开发区华工科技园 邮编:430223

录 排:华中科技大学惠友文印中心

印 刷:湖北新华印务有限公司

开 本:889mm×1194mm 1/16

印 张:13.5

字 数:323 千字

版 次:2023 年 2 月第 1 版第 3 次印刷

定 价:69.80 元

职业教育烹饪（餐饮）类专业"以工作过程为导向"
课程改革"纸数一体化"系列精品教材

编委会

总 序

　　职业教育作为一种类型教育,其本质特征诚如我国职业教育界学者姜大源教授提出的"跨界论":职业教育是一种跨越职场和学场的"跨界"教育。

　　习近平总书记在十九大报告中指出,要"完善职业教育和培训体系,深化产教融合、校企合作",为职业教育的改革发展提出了明确要求。按照职业教育"五个对接"的要求,即专业与产业、职业岗位对接,专业课程内容与职业标准对接,教学过程与生产过程对接,学历证书与职业资格证书对接,职业教育与终身学习对接,深化人才培养模式改革,完善专业课程体系,是职业教育发展的应然之路。

　　国务院印发的《国家职业教育改革实施方案》(国发〔2019〕4号)中强调,要借鉴"双元制"等模式,校企共同研究制定人才培养方案,及时将新技术、新工艺、新规范纳入教学标准和教学内容,建设一大批校企"双元"合作开发的国家规划教材,倡导使用新型活页式、工作手册式教材并配套开发信息化资源。

　　北京市劲松职业高中贯彻落实国家职业教育改革发展的方针和要求,与大董餐饮投资有限公司及20余家星级酒店深度合作,并联合北京、山东、河北等一批兄弟院校,历时两年,共同编写完成了这套"职业教育烹饪(餐饮)类专业'以工作过程为导向'课程改革'纸数一体化'系列精品教材"。教材编写经历了行业企业调研、人才培养方案修订、课程体系重构、课程标准修订、课程内容丰富与完善、数字资源开发与建设几个过程。其间,以北京市劲松职业高中为首的编写团队在十余年"以工作过程为导向"的课程改革基础上,根据行业新技术、新工艺、新标准以及职业教育新形势、新要求、新特点,以"跨界""整合"为学理支撑,产教深度融合,校企密切合作,审纲、审稿、论证、修改、完善,最终形成了本套教材。在编写过程中,编委会一直坚持科研引领,2018年12月,"中餐烹饪专业'三级融合'综合实训项目体系开发与实践"获得国家级教学成果奖二等奖,以培养综合职业能力为目标的"综合实训"项目在中餐烹饪、西餐烹饪、高星级酒店运营与管理专业的专业核心课程中均有体现。凸显"跨界""整合"特征的《烹饪语文》《烹饪数学》《中餐烹饪英语》《烹饪体育》等系列公共基础课职业模块教材是本套教材的另一特色和亮点。大董餐饮投资有限公司主持编写的相关教材,更是让本套教材锦上添花。

本套教材在课程开发基础上，立足于烹饪（餐饮）类复合型、创新型人才培养，以就业为导向，以学生为主体，注重"做中学""做中教"，主要体现了以下特色。

1. 依据现代烹饪行业岗位能力要求，开发课程体系

遵循"以工作过程为导向"的课程改革理念，按照现代烹饪岗位能力要求，确定典型工作任务，并在此基础上对实际工作任务和内容进行教学化处理、加工与转化，开发出基于工作过程的理实一体化课程体系，让学生在真实的工作环境中，习得知识，掌握技能，培养综合职业能力。

2. 按照工作过程系统化的课程开发方法，设置学习单元

根据工作过程系统化的课程开发方法，以职业能力为主线，以岗位典型工作任务或案例为载体，按照由易到难、由基础到综合的逻辑顺序设置三个以上学习单元，体现了学习内容序化的系统性。

3. 对接现代烹饪行业和企业的职业标准，确定评价标准

针对现代烹饪行业的人才需求，融入现代烹饪企业岗位工作要求，对接行业和企业标准，培养学生的实际工作能力。在理实一体教学层面，夯实学生技能基础。在学习成果评价方面，融合烹饪职业技能鉴定标准，强化综合职业能力培养与评价。

4. 适应"互联网＋"时代特点，开发活页式"纸数一体化"教材

专业核心课程的教材按新型活页式、工作手册式设计，图文并茂，并配套开发了整套数字资源，如关键技能操作视频、微课、课件、试题及相关拓展知识等，学生扫二维码即可自主学习。活页式及"纸数一体化"设计符合新时期学生学习特点。

本套教材不仅适合于职业院校餐饮类专业教学使用，还适用于相关社会职业技能培训。数字资源既可用于学生自学，还可用于教师教学。

本套教材是深度产教融合、校企合作的产物，是十余年"以工作过程为导向"的课程改革成果，是新时期职教复合型、创新型人才培养的重要载体。教材凝聚了众多行业企业专家、一线高技能人才、具有丰富教学经验的教师及各学校领导的心血。教材的出版必将极大地丰富北京市劲松职业高中餐饮服务特色高水平骨干专业群及大董餐饮文化学院建设内涵，提升专业群建设品质，也必将为其他兄弟院校的专业建设及人才培养提供重要支撑，同时，本套教材也是对落实国家"三教"改革要求的积极探索，教材中的不足之处还请各位专家、同仁批评指正！我们也将在使用中不断总结、改进，期待本套教材能产生良好的育人效果。

职业教育烹饪（餐饮）类专业"以工作过程为导向"课程改革
"纸数一体化"系列精品教材编委会

　　面塑艺术历史悠久，文化底蕴深厚，是中华美食文化的瑰宝，可美化菜点的形象，提升菜品的档次，在宴席展台上烘托气氛，使人们更加深入地领略中华饮食的精妙。

　　习总书记在全国教育大会上强调：坚持中国特色社会主义教育发展道路，培养德智体美劳全面发展的社会主义建设者和接班人。本教材承载着丰厚的中华优秀传统文化和美学元素，是烹饪工艺与美学及传统文化的完美结合，是贯彻落实美育、劳动教育的重要载体。

　　本教材共设五个单元，分别是果蔬类典型面塑的制作、花卉类典型面塑的制作、动物类典型面塑的制作、祥瑞神兽类典型面塑的制作、神话人物类典型面塑的制作。每个单元设八个任务，其中前三个单元在主任务之后还分别设计了八个拓展任务，旨在强化面塑制作的基本手法和技能。

　　为更好地体现"学中做、做中学"的课改理念，本教材在体例设计上遵循以行动为导向的原则，每个学习任务由"学习目标""知识准备""成品标准""制作过程""评价标准"等环节构成，图文并茂，制作过程介绍详细具体，并附有配套的视频资源，适合学生学习。

　　本教材具有以下四个突出特色。

　　（1）以不同类型面塑为载体，全面展示面塑精湛技艺。

　　本教材选取典型果蔬、花卉、动物、祥瑞神兽、神话人物作为单元类型，共设计了 40 个主任务和 24 个拓展任务，运用了揉、搓、剪、压、捏、包、插、粘、画、涂、刷、滚、围、挑、包、划、缠等制作手法，取材广泛，手法丰富，技术精湛，全面展示了面塑工艺的精妙。

　　（2）融入中华优秀传统文化，实现面塑工艺与传统文化的完美结合。

　　本教材从第三单元开始，结合不同动物造型、祥瑞神兽、神话人物，在"知识准备"环节介绍了相关"典故传说"，帮助学生理解作品深层次的含义及其蕴含的传统文化，利于学生在制作过程中将面塑工艺与中华优秀传统文化有机结合，塑造出有思想、有灵魂的作品。

　　（3）强化美育教育，在设计与鉴赏中提升审美能力。

为了更好地帮助学生理解不同作品本身的特色,教材中不仅介绍了相关"基础知识""典故传说",还以图片形式呈现了不同形式的作品艺术造型。例如面塑兰花,教材中提供了工笔画兰花、铜雕兰花、牙雕兰花、木雕兰花及真实兰花的图片,旨在从整体造型、观察等多个角度来理解作品,引导学生在设计与鉴赏中提升审美能力。

(4)突出"纸数一体化"设计,借助信息化资源突破学习难点。

教材中五个单元的学习任务都有配套的面塑制作视频及 PPT 课件,扫描二维码即可学习。为教师教学、学生自学提供了重要资源。资源中还有关键技能点视频操作讲解,利于师生借助信息化手段突破学习难点,提升学习效果。

本教材可作为职业教育餐饮类专业学生学习用书,也可作为中小学生职业体验、外宾培训等的培训教材和广大面塑爱好者的阅读书籍。

本教材由全国餐饮业优秀教师、中国烹饪大师牛京刚及具有丰富星级酒店工作经验的李寅担任主编。由宋旭、王辰担任副主编,向军、吴云香参编。本教材在编写过程中得到了北京市课改专家杨文尧校长、北京市中等职业教育特级教师李刚校长及北京市面塑工艺非遗传承人张宝琳大师的指导,还得到了大董餐饮投资有限公司、北京香港马会会所等企业的大力支持,在此一并表示衷心感谢!

由于编者水平有限,疏漏之处在所难免,恳请广大读者提出宝贵意见和建议。

编 者

目录
CONTENTS

Note

Note

第一单元

果蔬类典型面塑的制作

本单元主要学习果蔬类典型面塑的制作，即通过观察各类果蔬，感知果蔬的形态特点，运用揉、搓、剪、压、捏、包、插、粘、画、涂、刷等捏制手法，塑造出栩栩如生的果蔬作品。本单元共设计了八个任务，按照捏制手法由易到难的顺序编排，分别是面塑白菜的制作、面塑白萝卜的制作、面塑玉米的制作、面塑心里美萝卜的制作、面塑橘子的制作、面塑青苹果的制作、面塑柿子的制作、面塑香蕉的制作。除八个主任务外，还分别安排了八个拓展任务的学习，以巩固相似造型果蔬类面塑的制作。果蔬类面塑的学习重点和难点在于果蔬的根、茎、叶及果实的捏制。希望学习者能在制作过程中牢固掌握捏制面塑的基本技法，激发热爱面塑艺术的兴趣。

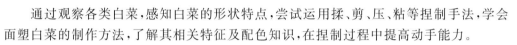

面塑白菜的制作

扫码看课件

【学习目标】

　　通过观察各类白菜,感知白菜的形状特点,尝试运用揉、剪、压、粘等捏制手法,学会面塑白菜的制作方法,了解其相关特征及配色知识,在捏制过程中提高动手能力。

【知识准备】

　　(一)基础知识介绍

　　白菜,古名菘,有大白菜和小白菜之分,为我国原产和特产蔬菜,是人们经常食用的重要蔬菜之一。白菜在我国的栽培历史很长,新石器时期的西安半坡村遗址就有出土的白菜籽,这说明白菜的栽培已有六七千年的历史。白菜味甘,性平,无毒。白菜可通利肠胃,除胸烦,解酒毒。因白菜与"百财"谐音,有着招财、聚财、发财等美好寓意,深受人们的喜爱。

　　(二)各种类型的白菜

　　各种类型的白菜如图 1-1-1 所示。

图 1-1-1　各种类型的白菜

【成品标准】

　　捏制出的白菜顶端圆钝,根为白色,叶外绿里黄,饱满紧实,边缘皱缩,呈波纹状,向外舒展。面塑白菜成品如图 1-1-2 所示。

图 1-1-2　面塑白菜成品展示

【制作过程】

面塑白菜的制作过程如下。

步骤一：将黄色面团捏成扁平状，把白色面团贴在黄色面团上，捏成白菜芯。

步骤二：将绿色面团加白色面团捏制成白菜外帮，用拨子压出菜叶的纹路。

步骤三：用拨子压出菜帮的褶皱感，从白菜的芯部对菜帮进行包裹。

Note

面塑白菜
叶的组装

步骤四:把绿色的白菜外帮粘在黄色菜芯上,错落排布放置。

步骤五:将包裹好的白菜整理成型。

步骤六:捏出白菜的根部,把白色根部粘在捏好的白菜底部。

步骤七:用拨子和剪子整理白菜根部,使之连接自然。

Note

【评价标准】

评价内容	评价要求	配分	自评	互评	总分
成品标准	捏制出的白菜顶端圆钝,根为白色,叶外绿里黄,饱满紧实,边缘皱缩,呈波纹状,向外舒展	2			
捏制手法	灵活运用揉、剪、压、粘等捏制手法	2			
捏制时间	20 分钟	1			

【拓展任务】

面塑卷心菜的制作过程如下。

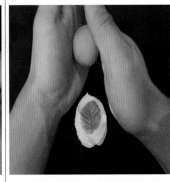

步骤一:将白色面团和绿色面团混合在一起,用模具压成卷心菜叶子的形状。

步骤二:由内而外进行包裹,层次明显,内侧叶子卷幅小,外侧叶子卷幅大。

【练习与作业】

　　1.卷心菜对什么人有特别的功效?

　　2.制作完成1～2个面塑卷心菜与面塑白菜成品。

面塑卷心菜
叶子的组装

Note

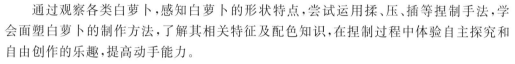

任务二

面塑白萝卜的制作

扫码看课件

【学习目标】

通过观察各类白萝卜,感知白萝卜的形状特点,尝试运用揉、压、插等捏制手法,学会面塑白萝卜的制作方法,了解其相关特征及配色知识,在捏制过程中体验自主探究和自由创作的乐趣,提高动手能力。

【知识准备】

(一)基础知识介绍

白萝卜,根茎类蔬菜,十字花科,一、二年生草本植物。根肉质,呈长圆状、球状或圆锥状,根皮为绿色、白色、粉红色或紫色。白萝卜茎直立、粗壮,呈圆柱状、中空,自基部分枝。常见白萝卜品种有长春大根、白玉大根等,在我国多数地区有大面积种植。白萝卜具有增强机体免疫力、保护肠胃、促进机体对营养物质的吸收等功效。

(二)各种类型的白萝卜

各种类型的白萝卜如图 1-2-1 所示。

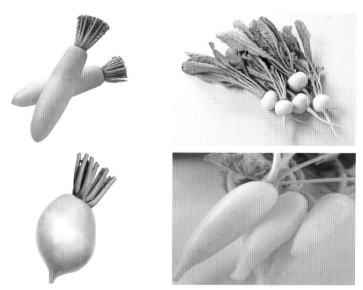

图 1-2-1 各种类型的白萝卜

【成品标准】

捏制出的白萝卜色泽白嫩,呈圆锥状,茎叶为碧绿色,自然饱满。面塑白萝卜成品

Note

如图 1-2-2 所示。

图 1-2-2　面塑白萝卜成品展示

【制作过程】

面塑白萝卜的制作过程如下。

面塑白萝卜
外形的捏制

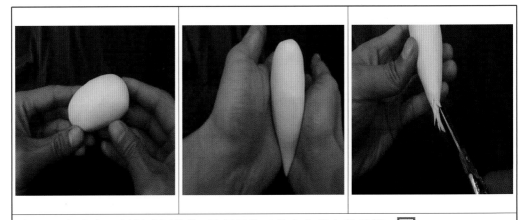

步骤一：把白色面团揉成圆锥状，尾部用剪刀剪出白萝卜的根须。

步骤二：用拨子在白色面团上压出褶皱，用画笔将白萝卜尾部染红。将绿色面团捏成白萝卜的叶子。

Note

步骤三：将绿色面团揉成圆锥状，将铁丝插入绿色面团中，并将绿色面团压扁成白萝卜的叶子，用模具压出叶脉。

步骤四：将捏好的叶子插在白萝卜的顶部，整理成型。

【评价标准】

评价内容	评价要求	配分	自评	互评	总分
成品标准	捏制出的白萝卜色泽白嫩，呈圆锥状，茎叶为碧绿色，自然饱满	2			
捏制手法	灵活运用揉、压、插等捏制手法	2			
捏制时间	20 分钟	1			

【拓展任务】

　　面塑胡萝卜的制作过程如下。

步骤一:将橙色面团揉成圆锥状,用圆拨子在胡萝卜顶部压出一个圆窝,用模具压出胡萝卜的叶子。

面塑胡萝卜外形的捏制

步骤二:将胡萝卜叶与捏好的胡萝卜进行组装,整理成型。

【练习与作业】

　　1.简述面塑白萝卜的色彩搭配。

　　2.白萝卜的营养价值有哪些?

　　3.利用相关工具和手法,制作1~2个完整的面塑白萝卜与面塑胡萝卜成品。

Note

任务三

面塑玉米的制作

扫码看课件

【学习目标】

通过观察各种样式的玉米,感知玉米的形状特点,尝试运用揉、压、粘等捏制手法,学会面塑玉米叶和玉米芯的包制和玉米粒的排列方法,了解其相关特征及配色知识,在捏制过程中体验自主探究和自由创作的乐趣,提高动手能力。

【知识准备】

(一)基础知识介绍

1492 年哥伦布在古巴发现了玉米,后来他把玉米带回西班牙,逐渐传至世界各地。我国玉米栽培已有 400 多年历史。我国玉米的主要产区是东北、华北和西南山区。玉米株高大,茎强壮,是重要的粮食作物和饲料作物,也是全世界总产量最高的农作物。玉米含有丰富的蛋白质、脂肪、维生素、微量元素、纤维素等。

(二)各种类型的玉米

各种类型的玉米,如图 1-3-1 所示。

图 1-3-1 各种类型的玉米

Note

【成品标准】

捏制出的玉米呈长椭球状,颗粒饱满呈黄色,叶片绿色,扁平宽大,呈线状披针形,纹路清晰。面塑玉米成品如图 1-3-2 所示。

图 1-3-2　面塑玉米成品展示

【制作过程】

面塑玉米的制作过程如下。

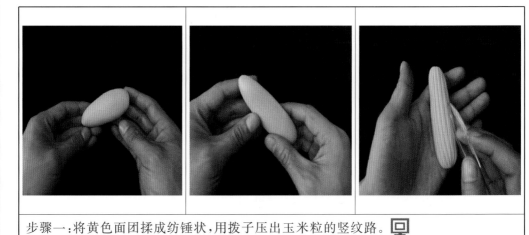

步骤一:将黄色面团揉成纺锤状,用拨子压出玉米粒的竖纹路。🖥

步骤二:用拨子压出玉米粒的横纹路。用绿色面团捏出玉米叶。

面塑玉米
外形的捏制

Note

步骤三:用尺板在绿色的玉米叶上压出细纹,再一片一片地包在玉米上,整理成型。

【评价标准】

评价内容	评价要求	配分	自评	互评	总分
成品标准	捏制出的玉米呈长椭球状,颗粒饱满呈黄色,叶片绿色,扁平宽大,呈线状披针形,纹路清晰	2			
捏制手法	灵活运用揉、压、粘等捏制手法	2			
捏制时间	20 分钟	1			

【拓展任务】

面塑南瓜的制作过程如下。

步骤一:将橙色面团揉成椭球状,用拨子压出南瓜瓜瓣的纹路。🖥

面塑南瓜
外形的捏制

Note

 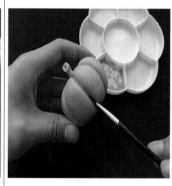 

步骤二:用淡绿色的面团捏成南瓜蒂,将捏制好的南瓜蒂与南瓜进行组装,整理成型。

【练习与作业】

　　1.玉米富含哪些元素?

　　2.制作完成 1～2 个面塑玉米与面塑南瓜成品。

面塑心里美萝卜的制作

扫码看课件

【学习目标】

　　通过观察心里美萝卜的形态，感知外皮和内芯的特点，尝试运用揉、剪、包、插等捏制手法，学会面塑心里美萝卜的包制手法和外形揉制的方法，了解其相关特征及配色知识，在捏制过程中体验自由创作的乐趣，提高动手能力。

【知识准备】

　　（一）基础知识介绍

　　红心萝卜俗称冰糖萝卜，也称为"心里美萝卜"，又名胭脂红，因其外皮为浅绿色，其叶为深绿色，形似枇杷叶，叶柄肋为深红色，内里为紫红色，且口感脆、口味甜、肉质细嫩而得名。红心萝卜为十字花科植物。红心萝卜的肉质根是同化产物的储藏器官，皮色有白色、粉红色、紫红色、青绿色等，含大量的芥子油、膳食纤维和多种消化酶，可健脾化滞，增加机体免疫力，促进胃肠蠕动，降低血脂、软化血管、稳定血压，预防冠心病、动脉硬化、胆石症等疾病的发生。红心萝卜广泛分布于我国东北地区。

　　（二）各种类型的心里美萝卜

　　各种类型的心里美萝卜如图 1-4-1 所示。

图 1-4-1　各种类型的心里美萝卜

Note

【成品标准】

　　捏制出的心里美萝卜色泽嫩绿,根部渐白,外形呈椭球状或球状,萝卜叶自然散开,呈翠绿色。面塑心里美萝卜成品如图1-4-2所示。

图 1-4-2　面塑心里美萝卜成品展示

【制作过程】

　　面塑心里美萝卜的制作过程如下。

步骤一:将淡绿色面团和白色面团揉成椭球状,把白色面团揉成圆锥状做心里美萝卜的底部。

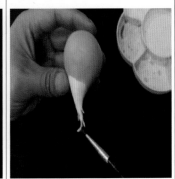

步骤二:将心里美萝卜底部剪出根须,用粉色颜料给根须上色。

面塑心里美
萝卜外形的
捏制

Note

步骤三：用拨子压出心里美萝卜表面的纹路。用圆形拨子在心里美萝卜顶部压出锥形槽。将绿色面团揉成球状。

步骤四：将绿色面团分成五六个锥形面团。将铁丝插入绿色锥形面团中，把绿色锥形面团压扁，用模具压出叶脉。

步骤五：将捏好的心里美萝卜和萝卜叶进行组装，整理成型。

【评价标准】

评价内容	评价要求	配分	自评	互评	总分
成品标准	捏制出的心里美萝卜色泽嫩绿，根部渐白，外形呈椭球状或球状，萝卜叶自然散开，呈翠绿色	2			

续表

评价内容	评价要求	配分	自评	互评	总分
捏制手法	灵活运用揉、剪、包、插等捏制手法	2			
捏制时间	20 分钟	1			

【拓展任务】

面塑茄子的制作过程如下。

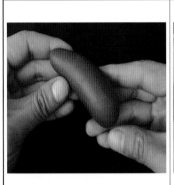  

步骤一:将紫色面团揉成椭球状,将黑色面团与绿色面团揉捏成茄子的棒状蒂,用模具压出叶子。🖥

 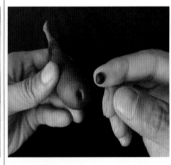 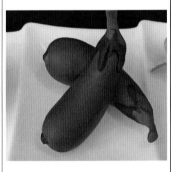

步骤二:将茄子蒂与茄子进行组装。在茄子底部粘上一个黑色球状小面团,整理成型。

【练习与作业】

1.简述心里美萝卜的营养价值。

2.制作心里美萝卜需要什么捏制手法?

3.制作完成 1~2 个面塑心里美萝卜与面塑茄子成品。

面塑茄子
外形的捏制

面塑橘子的制作

扫码看课件

【学习目标】

通过观察成熟橘子的外形，感知橘子的形状特点，尝试运用揉、捏、压、包、插、粘等捏制手法，学会面塑橘子皮和叶的制作方法，了解其相关特征及配色知识，在捏制过程中体验自由创作的乐趣，提高动手能力。

【知识准备】

（一）基础知识介绍

中国是橘子的重要原产地之一。柑橘资源丰富，优良品种繁多，有 4000 多年的栽培历史。中国柑橘分布在北纬 $16°\sim37°$ 之间，海拔最高达 2600 米（四川巴塘）。橘子果形通常呈扁球状至近圆球状，果皮甚薄而光滑，或厚而粗糙，呈淡黄色、朱红色或深红色，橘络呈网状，柔嫩。橘子性温，味甘酸，富含维生素 C 和柠檬酸，可缓解胃肠燥热之症，生津止咳，肉、皮、络、核、叶皆可入药，在日常生活中发挥着重要的作用。

（二）各种形式的橘子

各种形式的橘子如图 1-5-1 所示。

图 1-5-1　各种形式的橘子

Note

【成品标准】

　　捏制出的橘子呈扁球状或圆球状,果皮厚而粗糙,呈淡黄色或橘黄色,叶呈深绿色或淡绿色。面塑橘子成品如图 1-5-2 所示。

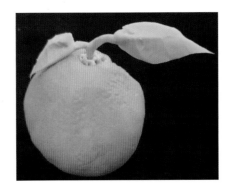

图 1-5-2　面塑橘子成品展示

【制作过程】

　　面塑橘子的制作过程如下。

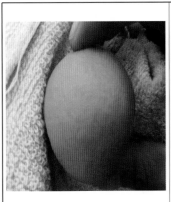  

步骤一:将橙色面团揉成扁球状,用毛巾包住轻揉,做成橘皮表面的纹路。

 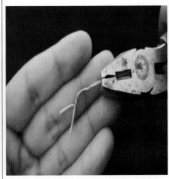 

步骤二:将绿色面团揉成长条状,包裹一根铁丝掰成"Y"字形。在"Y"字形的两端捏成叶子形状。

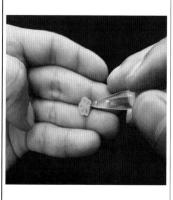 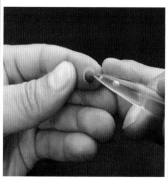 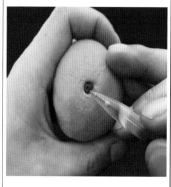

步骤三：用绿色面团捏出橘子的蒂，用绿色面团和黑色面团捏出橘子的底，把底粘上。

 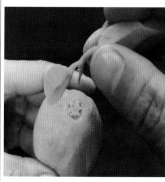 

步骤四：把捏好的橘子的蒂粘在橙色面团上，再插入叶子，整理成型。

【评价标准】

评价内容	评价要求	配分	自评	互评	总分
成品标准	捏制出的橘子呈扁球状或圆球状，果皮厚而粗糙，呈淡黄色或橘黄色，叶呈深绿色或淡绿色	2			
捏制手法	灵活运用揉、捏、压、包、插、粘等捏制手法	2			
捏制时间	20分钟	1			

【拓展任务】

面塑柠檬的制作过程如下。

  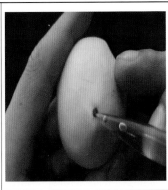

面塑柠檬
外形的捏制

步骤一:将黄色面团揉成椭球状,整理成上端尖、下端钝,用拨子在上端压出一个凹槽。

 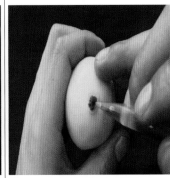 

步骤二:用画笔画出柠檬底部,把绿色面团粘在柠檬头上,将棕色面团粘在绿色面团上,最后整理成型。

【练习与作业】

1.橘子的哪些部位可以入药?

2.橘子富含哪些元素?

3.制作完成1~2个面塑橘子与面塑柠檬成品。

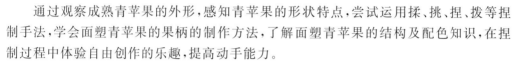

任务六

面塑青苹果的制作

扫码看课件

【学习目标】

通过观察成熟青苹果的外形,感知青苹果的形状特点,尝试运用揉、挑、捏、拨等捏制手法,学会面塑青苹果的果柄的制作方法,了解面塑青苹果的结构及配色知识,在捏制过程中体验自由创作的乐趣,提高动手能力。

【知识准备】

(一)基础知识介绍

苹果的主要结构分层是外皮、果肉、果核,外形呈椭圆形或圆形。青苹果果酸含量高,果肉黄白,肉质细脆、多汁,风味甜酸浓郁,有排毒、养颜、美容之功效。不管是红色、青色还是黄色的苹果,它们的营养价值都是一样的,颜色不同是因为它们的品种不同,不同的品种有不同的口味和特点。我国辽宁、河北、山西、山东、陕西、甘肃、四川、云南、西藏等地均有栽培。

(二)各种类型的苹果

各种类型的苹果如图 1-6-1 所示。

图 1-6-1　各种类型的苹果

Note

【成品标准】

捏制出的青苹果色泽嫩绿，呈椭球状或球状，果柄自然弯曲，呈棕色，果实饱满，表皮光滑。面塑青苹果成品如图 1-6-2 所示。

图 1-6-2　面塑青苹果成品展示

【制作过程】

面塑青苹果的制作过程如下。

步骤一：将一块嫩绿色面团揉成椭球状，把细铁丝插入一小块棕色面团中。

步骤二：把棕色面团搓成长条状，整理成青苹果的果柄，呈自然弯曲状。

面塑青苹果
外形的捏制

Note

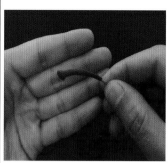

步骤三：将揉好的青苹果面团的顶部用滚子插挑出窝，把捏制成型的青苹果的果柄放入窝中，整理成型。

【评价标准】

评价内容	评价要求	配分	自评	互评	总分
成品标准	捏制出的青苹果色泽嫩绿，呈椭球状或球状，果柄自然弯曲，呈棕色，果实饱满，表皮光滑	2			
捏制手法	灵活运用揉、挑、捏、拨等捏制手法	2			
捏制时间	20 分钟	1			

【拓展任务】

面塑山竹的制作过程如下。

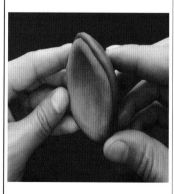

步骤一：将深棕色面团和红色面团叠在一起捏成窝状，将白色面团捏制成山竹的果肉形状，放入捏好的窝状面团中。

面塑山竹
外形的捏制

Note

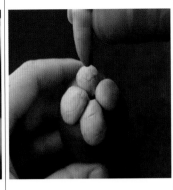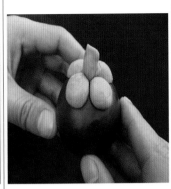

步骤二:将山竹蒂与捏制好的山竹进行组装,整理成型。

【练习与作业】

1. 说出青苹果果肉的三个特点。

2. 捏制面塑青苹果时有哪些捏制手法?

3. 制作完成 1～2 个面塑青苹果与面塑山竹成品。

面塑柿子的制作

扫码看课件

【学习目标】

通过观察成熟柿子的外形,感知柿子的形状特点,尝试运用揉、捏、压、插等捏制手法,学会面塑柿子的制作方法,了解其相关介绍及配色知识,在捏制过程中体验自由创作的乐趣,提高动手能力。

【知识准备】

(一)基础知识介绍

柿子原产于我国,在各地分布较广,其栽培已有三千多年的历史。中国、日本、韩国和巴西是其主要产地。柿子树是落叶乔木,品种很多。柿子树叶子呈椭圆形或倒卵形,背面有绒毛,花为黄白色。结浆果,呈扁球状或圆锥状,橙黄色或黄色。我国传统医学认为,柿子味甘、涩,性寒,归肺经。《本草纲目》中记载:柿乃脾、肺、血分之果也。其味甘而气平,性涩而能收,故有健脾涩肠、治嗽止血之功。同时,柿蒂、柿霜、柿叶均可入药。

(二)各种类型的柿子

各种类型的柿子如图 1-7-1 所示。

图 1-7-1　各种类型的柿子

Note

【成品标准】

　　捏制出的柿子外形呈球状或略呈正方体，基部有明显棱痕，果皮橙黄光滑，叶蒂自然，呈棕色。面塑柿子成品如图1-7-2所示。

图 1-7-2　面塑柿子成品展示

【制作过程】

　　面塑柿子的制作过程如下。

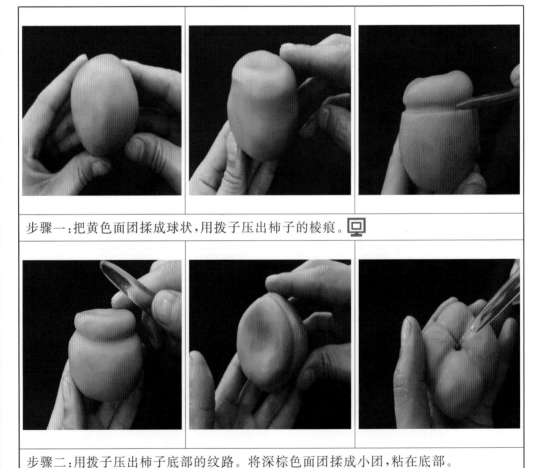

步骤一：把黄色面团揉成球状，用拨子压出柿子的棱痕。

步骤二：用拨子压出柿子底部的纹路。将深棕色面团揉成小团，粘在底部。

面塑柿子
外形的捏制

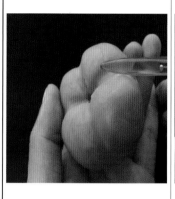  

步骤三：继续整理柿子的形状，然后把深棕色面团揉成十字交叉长条状。

 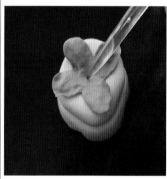 

步骤四：将深棕色十字面团压扁插入柿子顶部的凹槽中。

步骤五：把捏好的柿子柄插到凹槽中，最后整理成型。

【评价标准】

评价内容	评价要求	配分	自评	互评	总分
成品标准	捏制出的柿子外形呈球状或略呈正方体，基部有明显棱痕，果皮橙黄光滑，叶蒂自然，呈棕色	2			

续表

评价内容	评价要求	配分	自评	互评	总分
捏制手法	灵活运用揉、捏、压、插等捏制手法	2			
捏制时间	20分钟	1			

【拓展任务】

面塑寿桃的制作过程如下。

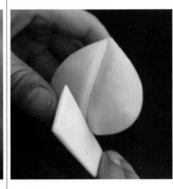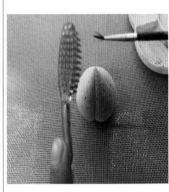

步骤一：将白色面团揉成球状，用直板压出寿桃的纹路，用画笔将寿桃表面涂成粉红色。

步骤二：将绿色面团揉成椭圆形，用模具压出叶子的形状，贴到寿桃上。

【练习与作业】

1.柿子的哪些部位可以入药？

2.柿子树叶子有什么特点？

3.制作完成1~2个面塑柿子与面塑寿桃成品。

面塑寿桃
颜色的涂染

面塑香蕉的制作

扫码看课件

【学习目标】

通过观察成熟香蕉的形状,感知香蕉的形状特点,尝试运用揉、搓、捏、压、粘等捏制手法,学会面塑香蕉的制作方法,了解其相关特征及配色知识,在捏制过程中体验自由创作的乐趣,提高动手能力。

【知识准备】

(一)基础知识介绍

香蕉是芭蕉科芭蕉属植物,在热带地区广泛种植,原产于亚洲东南部。我国栽种香蕉有 2000 多年的历史,台湾、海南、广东、广西等地均有栽培。香蕉外形呈自然弯曲的圆柱状,其果肉软甜可口,独具香气,能快速补充能量,具有润肠通便、降低血压、防止血管硬化、消除疲劳等功效。但急慢性肾炎、肾功能不全、脾胃虚寒和糖尿病患者须慎食,不宜多吃。

(二)各种类型的香蕉

各种类型的香蕉如图 1-8-1 所示。

图 1-8-1　各种类型的香蕉

Note

【成品标准】

　　捏制出的香蕉色泽橙黄,外形呈自然弯曲的圆柱状,香蕉果柄自然饱满,呈棕色,根部呈绿色。面塑香蕉成品如图1-8-2所示。

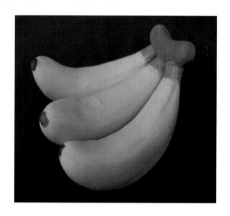

图1-8-2　面塑香蕉成品展示

【制作过程】

　　面塑香蕉的制作过程如下。

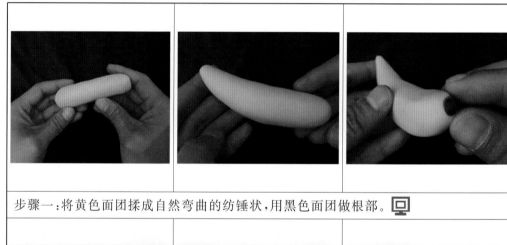

香蕉外形
的捏制

步骤一:将黄色面团揉成自然弯曲的纺锤状,用黑色面团做根部。🖥

步骤二:用大号拨子压出香蕉的纹路,把黑色面团压成扁平状。

 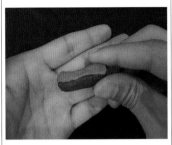 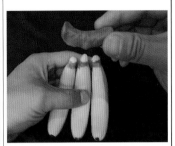

步骤三：把黑色面团粘到绿色面团上，将捏好的香蕉果柄粘在三个香蕉的顶部。

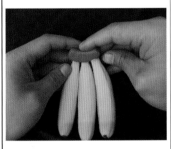  

步骤四：用毛笔把香蕉根部涂成绿色，整理成型。

【评价标准】

评价内容	评价要求	配分	自评	互评	总分
成品标准	捏制出的香蕉色泽橙黄，外形呈自然弯曲的圆柱状，香蕉果柄自然饱满，呈棕色，根部呈绿色	2			
捏制手法	灵活运用揉、搓、捏、压、粘等捏制手法	2			
捏制时间	20 分钟	1			

【拓展任务】

　　面塑鸭梨的制作过程如下。

步骤一：将黄色面团揉成梨状，用拨子压出纹路，用模具压出鸭梨叶子的形状。

步骤二：用牙刷在画笔上蹭粉色颜料，制造出鸭梨表面的斑点，把叶子和果柄插在鸭梨上，整理成型。

面塑鸭梨
的捏制

【练习与作业】
　　1.香蕉对人体有什么好处？
　　2.制作完成1～2个面塑香蕉与面塑鸭梨成品。

Note

第二单元
花卉类典型面塑的制作

　　本单元主要学习花卉类典型面塑的制作，即通过观察不同造型的花卉，了解构图及配色知识，运用搓、捏、压、滚、剪、围、挑、插、包、划、缠等捏制手法，完成作品制作。 本单元共设计了八个任务，按照捏制手法由易到难的顺序编排，分别是面塑芙蓉花的制作、面塑荷花的制作、面塑菊花的制作、面塑兰花的制作、面塑马蹄莲的制作、面塑樱花的制作、面塑西番莲的制作、面塑百合花的制作。 除八个主任务外，还分别安排了八个拓展任务的学习，以巩固相似造型花卉类面塑的制作。 花卉类面塑的学习重点和难点在于花瓣、花蕊、叶子的捏制。 希望学习者在第一单元学习的基础上，拓展、夯实相关面塑的捏制手法，培养作品整体设计能力，提升审美情趣。

面塑芙蓉花的制作

扫码看课件

【学习目标】

通过观察芙蓉花的外形，感知其花瓣和花蕊的特点，了解芙蓉花的典故传说及配色知识，尝试探索运用搓、捏、压、滚等捏制手法，学会面塑芙蓉花的制作方法。在制作过程中体验自由创作的乐趣，初步感受面塑艺术的魅力。

【知识准备】

（一）典故传说

相传五代后蜀皇帝孟昶，有妃子名"花蕊夫人"，她不但妩媚娇艳，还特爱花。有一年她去逛花市，在百花中她看到一丛丛一树树的芙蓉花如天上彩云滚滚而来，尤其喜欢。孟昶为讨爱妃欢心，颁发诏令：在成都城头尽种芙蓉。秋间盛开，蔚若锦绣。帝语群臣曰，自古以蜀为锦城，今日观之，真锦城也。待到来年花开时节，成都就"四十里如锦绣"。广政十二年十月，孟昶的城市绿化工程大功告成，他携花蕊夫人一同登上城楼，相依相偎观赏红艳数十里、灿若朝霞的成都芙蓉花。成都自此也就有了"芙蓉城"的美称。

（二）各种类型的芙蓉花

各种类型的芙蓉花如图 2-1-1、图 2-1-2 所示。

    工笔画芙蓉花   玉雕芙蓉花   木雕芙蓉花   素描芙蓉花

图 2-1-1　各种类型的芙蓉花

【成品标准】

芙蓉花造型为圆锥状，花瓣为水滴状，花蕊为圆柱体，颜色丰富，叶绿舒展。面塑芙蓉花成品如图 2-1-3 所示。

图 2-1-2　芙蓉花

图 2-1-3　面塑芙蓉花成品展示

【制作过程】

面塑芙蓉花的制作过程如下。

步骤一：将一块黄色面团捏成水滴状，插入铁丝，制成花杆。将一小块面团放在手心压成薄片，用拨子划出点状面团。花杆沾水。

面塑芙蓉
花的捏制

Note

  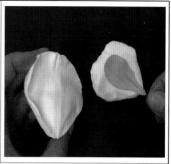

步骤二:将点状面团粘在花杆上制成花蕊,用黄色面团揉成五个圆球并压成花瓣状插上铁丝,用模具压出纹路。

步骤三:将花瓣涂上橙色颜料,一片一片围在花蕊上。

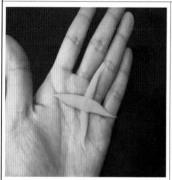  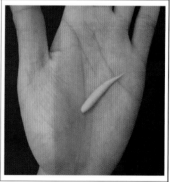

步骤四:将一块绿色面团捏成柳叶形,放在手心压成叶子,呈十字状,粘在花底部。

步骤五:将压好的叶子包在花瓣上,将绿色面团揉成水滴状并插上铁丝,用模具压出纹路,整理成型。

Note

【评价标准】

评价内容	评价要求	配分	自评	互评	总分
成品标准	芙蓉花造型为圆锥状,花瓣为水滴状,花蕊为圆柱体,颜色丰富,叶绿舒展	2			
捏制手法	灵活运用搓、捏、压、滚等捏制手法	2			
捏制时间	20分钟	1			

【拓展任务】

面塑蔷薇花的制作过程如下。

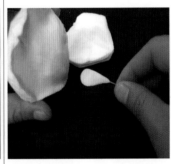

面塑蔷薇
花的捏制

步骤一:用模具压出蔷薇花花瓣,将花瓣与花蕊进行组装。

步骤二:用模具压出叶子,将叶子与花进行组装,整理成型。

【练习与作业】

1.成都的美称是什么?

2.讲述关于芙蓉花的典故传说。

3.制作完成1~2朵面塑芙蓉花与面塑蔷薇花成品。

面塑荷花的制作

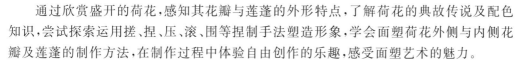
【学习目标】

通过欣赏盛开的荷花,感知其花瓣与莲蓬的外形特点,了解荷花的典故传说及配色知识,尝试探索运用搓、捏、压、滚、围等捏制手法塑造形象,学会面塑荷花外侧与内侧花瓣及莲蓬的制作方法,在制作过程中体验自由创作的乐趣,感受面塑艺术的魅力。

【知识准备】

(一)典故传说

相传荷花是王母娘娘身边的一个美貌侍女——玉姬的化身。当初玉姬看见人间双双对对,男耕女织,十分羡慕,因此动了凡心,在河神女儿的陪伴下偷出天宫,来到杭州的西子湖畔。西湖秀丽的风光使玉姬流连忘返,忘情地在湖中嬉戏,到天亮也舍不得离开。王母娘娘知道后用莲花宝座将玉姬打入湖中,并将她"打入淤泥,永世不得再登南天"。从此,天宫中少了一位美貌的侍女,而人间多了一种玉肌水灵的鲜花——荷花。

(二)各种类型的荷花

各种类型的荷花如图 2-2-1、图 2-2-2 所示。

工笔画荷花

牙雕荷花

仿真荷花

瓷雕荷花

图 2-2-1　各种类型的荷花

【成品标准】

荷花花型规整,花瓣为粉色桃心状,稍微合抱似碗,中心为绿色圆形莲蓬,四周围满黄色细丝花蕊。面塑荷花成品如图 2-2-3 所示。

Note

图 2-2-2　荷花

图 2-2-3　面塑荷花成品展示

【制作过程】

　　面塑荷花的制作过程如下。

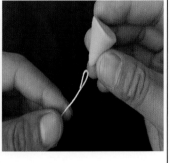

步骤一:将绿色面团捏制成圆锥体,插入铁丝,制成莲蓬坯。

面塑荷花
的捏制

步骤二：将黄色面团用手掌压成长方形薄片。

步骤三：用剪刀将长方形薄片一端剪成丝状，粘围在莲蓬上。

步骤四：将黄色面团搓成粒状小圆球，莲蓬上刷水。

步骤五：将黄色小圆球用拨子粘在莲蓬上，取出一块粉色面团反复揉匀。

Note

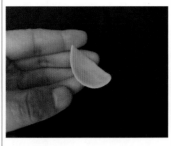

步骤六：将粉色面团揉成水滴状，捏成荷花瓣状，用模具压出纹路。

步骤七：将捏好的荷花瓣一片一片地围在莲蓬上，制成荷花的花芯。

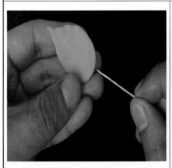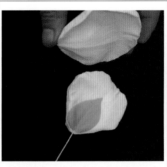

步骤八：将粉色面团压成叶子状，插入铁丝固定。

步骤九：将插好铁丝的花瓣围在花芯外侧。

Note

  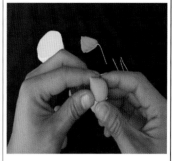

步骤十：将外侧花瓣的铁丝用绿色胶带缠好，用手将花瓣整理成弯曲状。

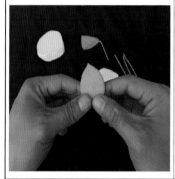  

步骤十一：将粉色面团捏成大桃心状，并插入铁丝。

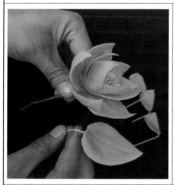  

步骤十二：将插好铁丝的最外侧大花瓣用绿色胶带固定好。

步骤十三：最后将花瓣整理成自然开放状，制作完成，整理成型。

Note

【评价标准】

评价内容	评价要求	配分	自评	互评	总分
成品标准	荷花花型规整,花瓣为粉色桃心状,稍微合抱似碗,中心为绿色圆形莲蓬,四周围满黄色细丝花蕊	2			
捏制手法	灵活运用搓、捏、压、滚、围等捏制手法	2			
捏制时间	20分钟	1			

【拓展任务】

面塑牡丹花的制作过程如下。

面塑牡丹
花的捏制

步骤一:用黄色面团和铁丝制成牡丹花花蕊。用模具压出花瓣,将花瓣与花蕊进行组装。

步骤二:用模具压出牡丹花叶子,将叶子与花进行组装,整理成型。

【练习与作业】

1.讲述关于荷花的典故传说。

2.制作完成 1~2 朵面塑荷花与面塑牡丹花成品。

 Note

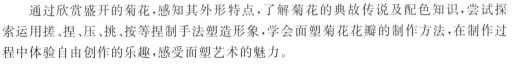

任务三

面塑菊花的制作

扫码看课件

【学习目标】

通过欣赏盛开的菊花,感知其外形特点,了解菊花的典故传说及配色知识,尝试探索运用搓、捏、压、挑、按等捏制手法塑造形象,学会面塑菊花花瓣的制作方法,在制作过程中体验自由创作的乐趣,感受面塑艺术的魅力。

【知识准备】

(一) 典故传说

关于菊花的故事,在我国民间流传很多。早在两千多年前,汉代的应劭在《风俗通义》里说:河南南阳郦县(今内乡县)有个叫甘谷的村庄。山谷中水甜美,山上长着许多很大的菊花。一股山泉从山上菊花丛中流过,花瓣散落水中,使山泉水含有菊花的清香。村上三十多户人家都饮用这山泉水。村民一般能活到 130 岁左右,最少也能活到七八十岁。汉武帝在位期间,皇宫中每到重阳节都要饮菊花酒,因为人们认为菊花酒令人长寿。我国古籍中,有很多服菊成仙的记载。据说,东汉汝南恒景跟从费道士学道。费道士对他说:"九月九号,汝南有大灾,令家人登山饮菊花酒可消些祸。"恒景听后,全家登山去了。回来时,鸡犬都暴死。从此,重阳节登高饮菊酒便成了民间避祸消灾的传统习俗。

(二) 各种类型的菊花

各种类型的菊花如图 2-3-1、图 2-3-2 所示。

工笔画菊花

石雕菊花

瓷雕菊花

图 2-3-1　各种类型的菊花

图 2-3-2　菊花

【成品标准】

　　菊花造型为球状,花瓣为黄色水滴状,中间以粒状黄色面团为花蕊,叶嫩绿。面塑菊花成品如图 2-3-3 所示。

图 2-3-3　面塑菊花成品展示

【制作过程】

　　面塑菊花的制作过程如下。

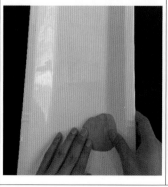

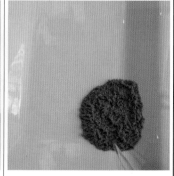

步骤一:将一块深绿色面团压成片状按在盘中,用拨子挑出纹路。

面塑菊花
叶子的捏制

Note

步骤二：将一块黑白相间的面团按在盘中捏成小山状，用拨子挑出纹路，将一块褐色面团捏成细条。

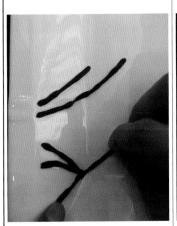 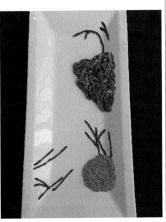 

步骤三：将褐色细条按在盘中。

  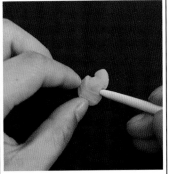

步骤四：将一块绿色面团压成桃心状叶子，用模具压出纹路，拿拨子捏出叶子的形状。

Note

面塑菊花
叶子的拼摆

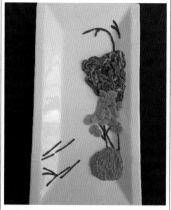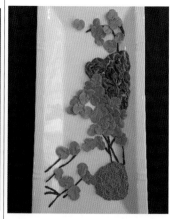

步骤五:将捏好的叶子一片一片地按在盘中。🖥

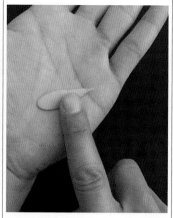

步骤六:将一块黄色面团捏成圆球,按成水滴状,压成花瓣。

步骤七:用拨子压出纹路,一片一片粘在黄色圆球上。

 Note

步骤八：将花瓣一片一片粘好，刷水。

步骤九：取一块面团在手掌中压成薄片，用拨子挑成粒状点花蕊。

步骤十：把挑好的粒状点花蕊粘在花中间，放在盘中。

面塑菊花
的拼摆

Note

步骤十一：将粘在盘中的菊花调成自然开放状，整理成型，用果酱写一首描写菊花的诗词。

【评价标准】

评价内容	评价要求	配分	自评	互评	总分
成品标准	菊花造型为球状，花瓣为黄色水滴状，中间以粒状黄色面团为花蕊，叶嫩绿	2			
捏制手法	灵活运用搓、捏、压、挑、按等捏制手法	2			
捏制时间	20 分钟	1			

【拓展任务】

面塑竹子的制作过程如下。

步骤一：取一块绿色面团制作出若干片竹叶依次粘在盘中竹子上。

面塑竹叶
的拼摆

步骤二:将绿色面团插上铁丝捏成草叶,放置在模具中压出纹路。

【练习与作业】

1.讲述关于菊花的典故传说。

2.制作完成1~2朵面塑菊花与面塑竹子成品。

任务四

面塑兰花的制作

扫码看课件

【学习目标】

通过欣赏兰花,感知其外形特点,了解兰花的典故传说及配色知识,尝试探索运用搓、捏、压、挑、按等捏制手法塑造形象,学会面塑兰花的制作方法,在制作过程中自主探索,感受面塑艺术的魅力。

【知识准备】

(一)典故传说

永和九年三月初三,王羲之约友修禊,选择了兰亭为修禊之所,除"此地有崇山峻岭,茂林修竹,又有清流激湍,映带左右"外,此地还盛开幽兰,馨香扑鼻。同去的名士们因此而留下了"俯挥素波,仰掇芳兰""微音迭咏,馥焉若兰"等咏兰名句。王羲之在精研书法体势时,更得益于爱兰。兰叶青翠欲滴、素静整洁、疏密相宜、流畅飘逸。王羲之将兰叶的各种姿态运用到书法中,使他的书法结构、笔法的技巧达到精熟的高度。他的书法气脉贯通、字体秀美、错落自然,且因字生姿、因姿生妍、因妍生势、因势利导,达到了神韵生动、随心所欲的最高境界。

(二)各种类型的兰花

各种类型的兰花如图 2-4-1、图 2-4-2 所示。

工笔画兰花 铜雕兰花 牙雕兰花 木雕兰花

图 2-4-1　各种类型的兰花

【成品标准】

兰花造型端正,花瓣为浅黄色、椭圆形,中间为白色水滴状花蕊,叶细长翠绿。面塑兰花成品如图 2-4-3 所示。

Note

图 2-4-2 兰花

图 2-4-3 面塑兰花成品展示

【制作过程】

面塑兰花的制作过程如下。

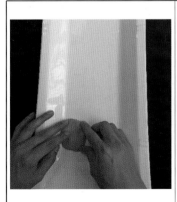

步骤一：将两块深绿色面团压成片状按在盘中，用拨子挑出山石的形状。

面塑兰花
的捏制

Note

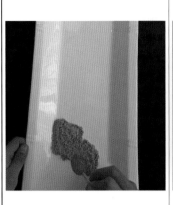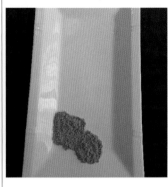

步骤二:将一块黑白相间的面团按在深绿色面团旁,用手捏出山石的形状。

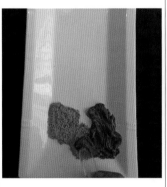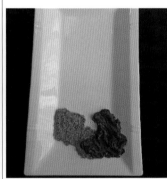

步骤三:用拨子压出纹路,取一块翠绿色面团捏出两个细条状面团。

步骤四:将两个翠绿色细条状面团搓成长水滴状,放置在模具中压出纹路,形成两片柳叶形草叶,放在盘中。

 Note

步骤五:将压好的草叶一个一个按在盘中,取一块橙色面团揉成小条状。

  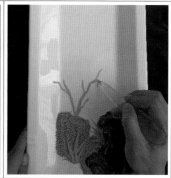

步骤六:将橙色小条按在盘中,做成兰花的枝干。

步骤七:取一块翠绿色面团搓出草叶形状,用模具压出纹路。

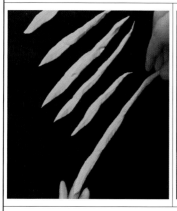  

步骤八:压出几条草叶,一条一条按在盘中。

Note

步骤九:将棕橙色面团捏成树干状,用浅绿色面团捏出一个小球。

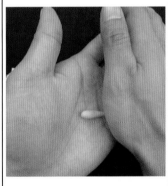

步骤十:将小球揉成水滴状,放置在模具中压出叶子的形状与纹路。

步骤十一:将叶子一片一片按在盘中的树干上。

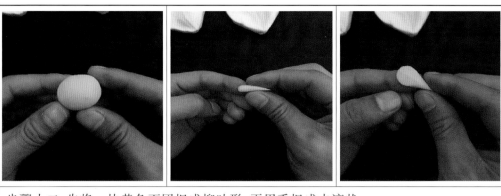

步骤十二：先将一块黄色面团捏成柳叶形,再用手捏成水滴状。

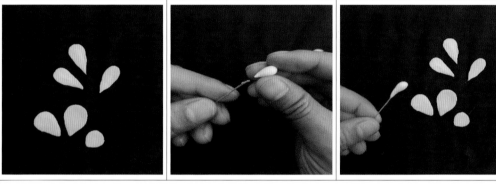

步骤十三：捏出几片花瓣。取出一块白色面团捏成小水滴状,插上铁丝,制成花蕊。

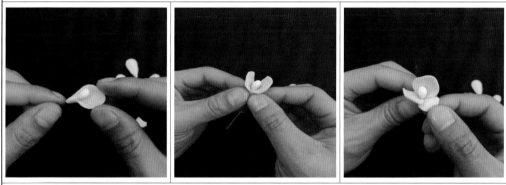

步骤十四：将花瓣一片一片粘在花蕊上。

步骤十五：刷水,粘好花瓣,涂上红色颜料。

Note

步骤十六:捏出几朵兰花插在枝干上。

步骤十七:一朵一朵地将兰花插在盘中后,用果酱写出关于兰花的诗词。

步骤十八:最后完成诗词,制作完成,整理成型。

【评价标准】

评价内容	评价要求	配分	自评	互评	总分
成品标准	兰花造型端正,花瓣为浅黄色、椭圆形,中间为白色水滴状花蕊,叶细长翠绿	2			
捏制手法	灵活运用搓、捏、压、挑、按等捏制手法	2			
捏制时间	20分钟	1			

Note

【拓展任务】

面塑山茶花的制作过程如下。

步骤一:用黄色面团制成花蕊,插上铁丝。将一块白色面团压成大半圆形花瓣,围在花蕊上。

步骤二:用模具压出叶子纹路,把铁丝插在叶子里,再把叶子围在山茶花边上,完成制品,整理成型。

面塑山茶花的捏制

【练习与作业】

1.王羲之在撰写书法时,更得益于什么花?

2.制作完成1～2朵面塑兰花与面塑山茶花成品。

Note

任务五

面塑马蹄莲的制作

扫码看课件

【学习目标】

通过欣赏马蹄莲,感知其外形特点,了解马蹄莲的典故传说及配色知识,尝试探索运用搓、捏、压、插等捏制手法塑造形象,学会面塑马蹄莲的制作方法,在制作过程中自主探索,感受面塑艺术的魅力。

【知识准备】

(一)典故传说

相传有个女孩和男孩邂逅。女孩单纯、快乐,男孩正直、勇敢,他用心地保护着女孩,给她最大的幸福。他们无忧无虑地生活在小村庄中,一起看花开花落,一起游玩戏耍,一起畅想着美好的未来。然而童话故事终究也只是一个故事。男孩为了出人头地,实现自己远大的报复,决定去远方闯荡,他骑着骏马奔向他遥不可及的未来,女孩不想成为男孩的负担,因此没有挽留他。在没有男孩的日子里,女孩学会了独自生活,在一天天的等待与怀念中,女孩一直在祈祷着男孩可以找到自己的理想未来,祈祷着男孩可以尽快回来……最后,女孩变成了一种花——马蹄莲。因为女孩最羡慕的是男孩骑走的那匹马,她希望自己可以像那匹马一样陪男孩一起走过千山万水。她那灿烂的笑,变成了点睛之笔的花蕊,婀娜的身姿变成高挺的茎干,绿色的纱裙,化为一片片鲜绿的叶子。传说中,你爱她,就带她去看马蹄莲,让她知道你的爱至死不渝,爱是永恒。

(二)各种类型的马蹄莲

各种类型的马蹄莲如图 2-5-1、图 2-5-2 所示。

原图马蹄莲

工笔画马蹄莲

素描马蹄莲

简笔画马蹄莲

图 2-5-1　各种类型的马蹄莲

Note

图 2-5-2　马蹄莲

【成品标准】

马蹄莲造型为倒马蹄形,花朵为白色,基部卷曲似漏斗,中间花蕊为鹅黄色,呈圆柱状,叶片为绿色,呈心状箭形。面塑马蹄莲成品如图 2-5-3 所示。

图 2-5-3　面塑马蹄莲成品展示

【制作过程】

面塑马蹄莲的制作过程如下。

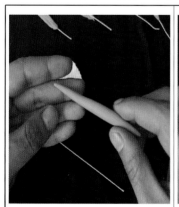

步骤一：取几块绿色面团揉成柳叶形,插上铁丝。

面塑马蹄
莲的捏制

Note

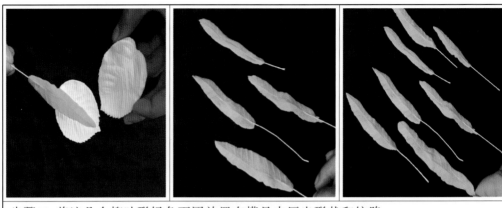

步骤二：将这几个柳叶形绿色面团放置在模具中压出形状和纹路。

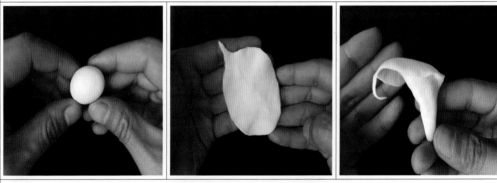

步骤二：将一块白色面团压成椭圆形，卷成马蹄莲花瓣形状。

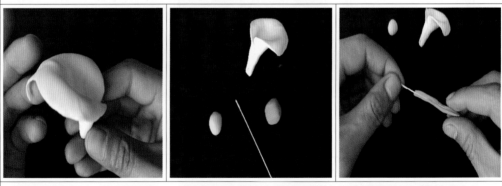

步骤四：取出一块绿色面团、一块黄色面团和一根铁丝，将绿色面团围在铁丝上。

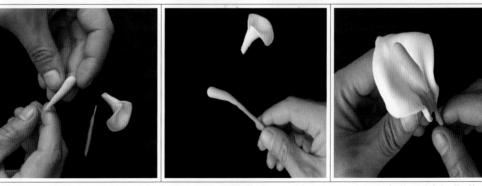

步骤五：将黄色面团捏成水滴状，连接在绿色条上，制成花蕊，用马蹄莲花瓣包住黄绿色花蕊。

Note

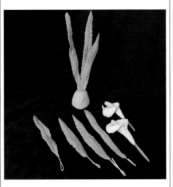

步骤六：取出一块绿色面团，捏成半球状，插上叶子。

步骤七：最后把马蹄莲插在面团上，整理成型。

【评价标准】

评价内容	评价要求	配分	自评	互评	总分
成品标准	马蹄莲造型为倒马蹄形，花朵为白色，基部卷曲似漏斗，中间花蕊为鹅黄色，呈圆柱状，叶片为绿色，呈心状箭形	2			
捏制手法	灵活运用搓、捏、压、插等捏制手法	2			
捏制时间	20 分钟	1			

【拓展任务】

　　面塑玫瑰花的制作过程如下。

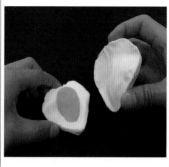

步骤一:用粉色面团和铁丝捏制成玫瑰花花蕊,将几个粉色面团用模具压出大小不等的玫瑰花瓣形状,将花瓣一层一层包在花蕊上,再捏出几片大花瓣包在花芯上。

步骤二:将绿色面团捏成杏仁状,再用模具压出花叶纹路包在花上,用绿色面团捏出桃心状。整理成型。🖥

面塑玫瑰
花的捏制

【练习与作业】

    1.讲述关于马蹄莲的典故传说。

    2.制作完成1~2朵面塑马蹄莲与面塑玫瑰花成品。

任务六

面塑樱花的制作

扫码看课件

【学习目标】

通过欣赏樱花,感知其外形特点,了解樱花的典故传说及配色知识,尝试探索运用缠、压、捏、围、剪等捏制手法塑造形象,学会面塑樱花的制作方法,在制作过程中体验自主探索、自由创作的乐趣,进一步感受面塑艺术的魅力。

【知识准备】

(一)典故传说

相传在很久以前,日本有位名叫"木花开耶姬"(意为樱花)的仙女。有一年11月,仙女从冲绳出发,途经九州、关西、关东等地,在第二年5月到达北海道。沿途,她将一种象征爱情与希望的花朵撒遍每一个角落。为了纪念这位仙女,当地人将这种花命名为"樱花",日本也因此成为"樱花之国"。

(二)各种类型的樱花

各种类型的樱花如图2-6-1、图2-6-2所示。

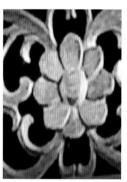

工笔画樱花　　　　水彩画樱花　　　　木雕樱花　　　　素描画樱花

图 2-6-1　各种类型的樱花

【成品标准】

樱花造型呈圆形,花瓣为粉色椭圆形,先端下凹,全缘二裂,花蕊为黄色细管状,叶片呈椭圆形,叶边呈锯齿状。面塑樱花成品如图2-6-3所示。

Note

图 2-6-2　樱花

图 2-6-3　面塑樱花成品展示

【制作过程】

面塑樱花的制作过程如下。

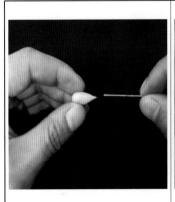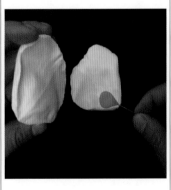

步骤一:将一块粉色面团捏成桃心状,插上铁丝,放置在模具中压出纹路,做成樱花花瓣。

面塑樱花
的捏制

 Note

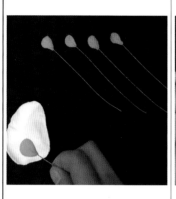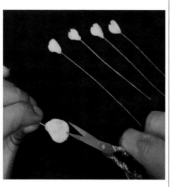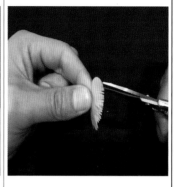

步骤二：将一块粉色面团压成五个花瓣状面团，在花瓣顶部用剪刀剪出"V"字口。取一块黄色面团压成长片状，一边用剪刀剪成细丝。

步骤三：将黄色细丝围成一圈制成花蕊，把花瓣粘在花蕊上，用三块绿色面团制作出三片叶子。

步骤四：最后把叶子缠在花上，用绿色胶带缠好固定，制作完成。

Note

【评价标准】

评价内容	评价要求	配分	自评	互评	总分
成品标准	樱花造型呈圆形,花瓣为粉色椭圆形,先端下凹,全缘二裂,花蕊为黄色细管状,叶片呈椭圆形,叶边呈锯齿状	2			
捏制手法	灵活运用缠、压、捏、围、剪等捏制手法	2			
捏制手法	20分钟	1			

【拓展任务】

面塑梅花的制作过程如下。

面塑梅花
枝干的捏制

步骤一:用棕色面团捏制出梅花枝干,用拨子压出枝干纹路。将绿色面团制成若干绿叶。🖳

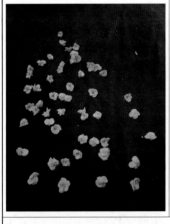  

步骤二:取一块黄色面团,制作出若干梅花花蕊,用拨子划出黄色小点依次粘在梅花上。整理成型。

【练习与作业】

1. 讲述关于樱花的典故传说。

2. 制作完成 3～5 朵面塑樱花与面塑梅花成品。

Note

面塑西番莲的制作

扫码看课件

【学习目标】

通过欣赏西番莲,感知其外形特点,了解西番莲的典故传说及配色知识,尝试探索运用搓、捏、压、滚、围等捏制手法塑造形象,学会面塑西番莲的制作方法,在制作过程中体验自主探索、自由创作的乐趣,进一步感受面塑艺术的魅力。

【知识准备】

(一)典故传说

相传在很久以前,在美洲印第安人的居住地区,西番莲是掌管白天的天神的女儿,她的花朵十分美丽,极其灿烂,如同晴天的阳光,温暖而动人,她是森林中最美丽的花朵。

有一天晚上,西番莲辗转难眠,于是睁开她美丽的眼睛,就在这时,她突然看见一湾清澈的泉水旁有一个英俊的少年,那少年正在喝水,西番莲小心翼翼地靠近,那少年笑吟吟地望着她,西番莲立即被这少年的美貌吸引了。而这个少年是夜晚的向导,只在夜间出现。西番莲爱上了这个英俊的少年,并且自此之后分分秒秒地计算着时间,渴望着夜晚的来临,能够再次见到英俊的夜间少年。这就是关于西番莲的美丽传说。

(二)各种类型的西番莲

各种类型的西番莲如图 2-7-1 所示。

图 2-7-1　各种类型的西番莲

【成品标准】

西番莲花瓣饱满,向外伸展,花蕊呈淡黄色,花瓣清晰可见。面塑西番莲成品如图2-7-2 所示。

Note

图 2-7-2　面塑西番莲成品展示

【制作过程】

　　面塑西番莲的制作过程如下。

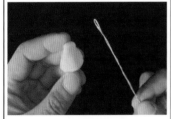 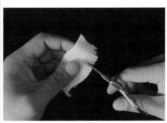 

步骤一：将黄色面团搓成长片状，将其一边剪成细丝，围在一起制成花蕊。

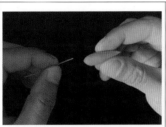  

步骤二：将粉色面团压成西番莲花瓣，插入铁丝，组装在花蕊上。

步骤三：将花瓣与花蕊进行组装，将绿色面团压成叶子。

 Note

面塑西番莲
花瓣的组装

步骤四:将叶子与花进行组装,整理成型。

【评价标准】

评价内容	评价要求	配分	自评	互评	总分
成品标准	西番莲花瓣饱满,向外伸展,花蕊呈淡黄色,花瓣清晰可见	2			
捏制手法	灵活运用搓、捏、压、滚、围等捏制手法	2			
捏制时间	20 分钟	1			

【拓展任务】

面塑睡莲的制作过程如下。

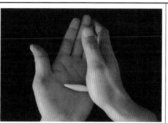

面塑睡莲
花蕊的捏制

步骤一:将黄色面团压成扁片状,制成花蕊,将白色面团揉捏成花瓣。

面塑睡莲
花瓣的组装

步骤二:将花瓣与花蕊进行组装,整理成型。

【练习与作业】

1.讲述西番莲的典故传说。

2.制作完成一朵面塑西番莲与一朵面塑睡莲成品。

Note

任务八

面塑百合花的制作

扫码看课件

【学习目标】

通过欣赏百合花,感知其外形特点,了解百合花的典故传说及配色知识,尝试探索运用搓、捏、压、滚、围等捏制手法塑造形象,学会面塑百合花的制作方法,在制作过程中体验自由创作的乐趣,领略面塑艺术的魅力。

【知识准备】

(一)典故传说

西方国家有许多关于百合花的传说。圣经里记载,百合花是由夏娃的眼泪所变成的,为纯洁的礼物,故人们认为百合花象征着纯洁、圣洁。在中国古代,由于百合花盛开时,常散发出淡淡的幽香,因此人们把它和水仙花、栀子花、梅花、菊花、桂花、茉莉花合在一起的图案称为七香图,深受人们的喜爱。

(二)各种类型的百合花

各种类型的百合花如图 2-8-1、图 2-8-2 所示。

工笔画百合花

百合剪纸花

图 2-8-1 各种类型的百合花

【成品标准】

百合花花型规整,花瓣通常为白色,花瓣向外绽放,中心为红色花蕊。面塑百合花成品如图 2-8-3 所示。

图 2-8-2　百合花

图 2-8-3　面塑百合花成品展示

【制作过程】

面塑百合花的制作过程如下。

步骤一:把白色面团压成扁片状,用球刀整理出花瓣边缘的纹路,用手将白色面团压弯成花瓣。

步骤二:把捏好的花瓣粘在细铁丝上。用粉色面团和黑色面团制成花蕊。

面塑百合花
的捏制

Note

步骤三：将若干个粉红色面团加黑色面团搓成枣核状，逐个插在细铁丝上，将制好的若干花蕊粘在一起。

步骤四：将五片白色花瓣和粉红色花蕊组合在一起制成百合花。

步骤五：加绿色叶子点缀，整理成型。

【评价标准】

评价内容	评价要求	配分	自评	互评	总分
成品标准	百合花花型规整，花瓣通常为白色，花瓣向外绽放，中心为红色花蕊	2			
捏制手法	灵活运用搓、捏、压、滚、围等捏制手法	2			
捏制时间	20 分钟	1			

【拓展任务】

面塑康乃馨的制作过程如下。

Note

步骤一:用球刀压出康乃馨花瓣,把花瓣的边缘捏成波浪形。

步骤二:将捏好的若干花瓣粘在一起,制成康乃馨,整理成型。

面塑康乃馨
花瓣的捏制

面塑康乃馨
的组装

【练习与作业】

　　1.讲述百合花的典故传说。

　　2.制作完成一朵面塑百合花与一朵面塑康乃馨成品。

Note

第三单元

动物类典型面塑的制作

◆学习导读

　　本单元主要学习动物类典型面塑的制作，即通过观察不同动物的形象，掌握其整体结构特征，运用揉、捏、插、粘、划、剪、缠等捏制手法，完成作品制作。本单元共设计了八个任务，按照捏制手法由易到难的顺序编排，分别是面塑锦鸡的制作、面塑金鱼的制作、面塑骏马的制作、面塑孔雀的制作、面塑老鹰的制作、面塑熊猫的制作、面塑大象的制作、面塑狮子的制作。除八个主任务外，还分别安排了八个拓展任务的学习，以巩固相似造型动物类面塑的制作。动物类面塑的学习重点和难点在于动物的头、耳、鼻、四肢等身体部位的捏制。希望学习者在前两个单元学习的基础上，拓展相关面塑的捏制手法，体验面塑制作的乐趣，感受面塑艺术的魅力。

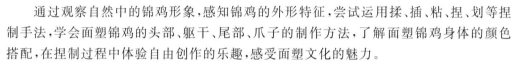

任务一

面塑锦鸡的制作

扫码看课件

【学习目标】

通过观察自然中的锦鸡形象,感知锦鸡的外形特征,尝试运用揉、插、粘、捏、划等捏制手法,学会面塑锦鸡的头部、躯干、尾部、爪子的制作方法,了解面塑锦鸡身体的颜色搭配,在捏制过程中体验自由创作的乐趣,感受面塑文化的魅力。

【知识准备】

（一）基础知识介绍

锦鸡是一种雉科动物,是白腹锦鸡、红腹锦鸡的统称,分布在陕西、西藏、四川、贵州、云南、广西等地,属国家二级保护动物。雄鸟全长约 140 厘米,雌鸟全长约 60 厘米。雄鸟头顶、背、胸为金属翠绿色;羽冠为紫红色;后颈披肩羽为白色,具黑色羽缘;下背棕色,腰转朱红色;飞羽暗褐色,尾羽长,有黑白相间的云状斑纹;腹部为白色,嘴和脚为蓝灰色。雌鸟上体及尾大部为棕褐色,缀满黑斑,胸部棕色具黑斑。

（二）典故传说

苗寨有一个后生名叫善里,父母去世,家境贫穷。他为人正直老实,做活勤快,但却因家贫,没有姑娘愿意嫁给他。一年春天,苗家举行爬坡节,青年男女穿戴节日盛装,到爬坡场地寻找情侣,唯独善里没像样的衣服穿,不敢去。忽听一阵风响,他抬头望时,看见山上飞来一只花花绿绿的锦鸡落到院子里,善里捉到它,欣喜地把它关在屋子里,便去听别人对歌。回来后惊喜地发现屋子里没有了锦鸡,而是一个容貌端正、皮肤柔嫩、穿着打扮像锦鸡一样美的姑娘。人们听说后都来观看,锦鸡姑娘说:"我家住在高山上,我排行第七,叫七妹。善里哥虽然穷,但正直善良,我愿意和他结成终身伴侣,照顾他……"这样,在众多客人的欢呼与主持下,善里和锦鸡七妹结成了一对恩爱夫妻,婚后,夫妻俩男耕女织,过着美满幸福的生活。后来,寨上的姑娘们都来模仿锦鸡姑娘,穿着刺绣,苗家姑娘在出嫁时都打扮得像锦鸡一样美丽。由于善里忙于招待客人,忘了举行结婚典礼,所以后来苗族青年结婚,都没有举行拜堂仪式。

（三）各种形式的锦鸡

各种形式的锦鸡如图 3-1-1、图 3-1-2 所示。

【成品标准】

捏制出的锦鸡外形艳丽,有黑长的尾羽,翅膀为蓝色到绿色的渐变色,身体为红色。面塑锦鸡成品如图 3-1-3 所示。

Note

工笔画锦鸡　　　　　　　　瓷雕锦鸡　　　　　　　食品雕刻锦鸡

图 3-1-1　各种形式的锦鸡

图 3-1-2　锦鸡

图 3-1-3　面塑锦鸡成品展示

【制作过程】

　　面塑锦鸡的制作过程如下。

步骤一：将一块黑色面团用铁丝固定在盘子底部，当作支架。

步骤二：用小刀切出山石的纹路，用一块红色面团捏制成锦鸡身体的形状，固定在支架上。

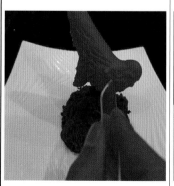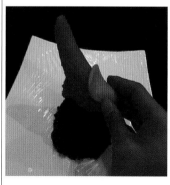

步骤三：用拨子划出锦鸡的羽毛，将一块橙色面团捏扁贴在锦鸡的颈部，划出颈部的羽毛。

Note

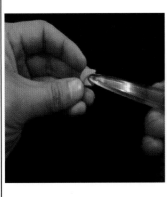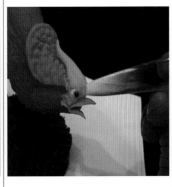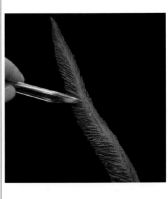

步骤四：将一块黄色面团捏扁粘在锦鸡的头部，修捏出锦鸡的嘴和冠，用白色和黑色小面团，捏成锦鸡的眼睛，粘在相应的位置上，将一块黑色面团捏制成锦鸡尾羽的形状。

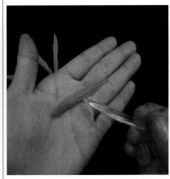

步骤五：将黑色尾羽插在红色身体部位，将红色面团捏制成锦鸡尾羽的形状，也插在锦鸡尾根部位。

步骤六：把红色尾羽粘在锦鸡的尾部，用一块蓝色、绿色、灰色混合的面团捏制出锦鸡的翅膀，粘在身体两侧。

 Note

步骤七:用棕色面团捏制出锦鸡的爪子。用黄色面团捏制成锦鸡翅膀的若干个外羽,粘在翅膀的内侧。整理成型。

【评价标准】

评价内容	评价要求	配分	自评	互评	总分
成品标准	捏制出的锦鸡外形艳丽,有黑长的尾羽,翅膀为蓝色到绿色的渐变色,身体为红色	2			
捏制手法	灵活运用揉、插、粘、捏、划等捏制手法	2			
捏制时间	90分钟	1			

【拓展任务】

面塑公鸡的制作过程如下。

  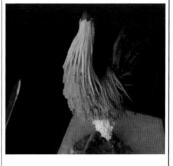

步骤一:将两块绿色、棕色面团捏成山石,用拨子压出山石细纹。用铁丝搭成身体和鸡爪骨架,将棕色、黄色面团和白色面团粘在公鸡的颈部、身体和腿部,用拨子划出公鸡的羽毛。

面塑公鸡
头的捏制

Note

步骤二：用红色面团和绿色面团捏成公鸡翅膀，粘在相应部位。用红色面团和黄色面团捏出公鸡的嘴和冠，粘在相应的部位。整理成型。

面塑公鸡
翅膀的捏制

【练习与作业】

    1.民间视锦鸡为_____、_____，象征风调雨顺，物华天宝。

    2.用黄色面团捏制成锦鸡翅膀_____的形状，粘在翅膀的_____。

    3.制作完成1～2只面塑锦鸡与面塑公鸡的成品。

 Note

面塑金鱼的制作

【学习目标】

通过观察游动的金鱼,感知金鱼的主要外形特征,尝试运用揉、捏、拨、剪等捏制手法,学会面塑金鱼头部、身体、鳞片和尾部的制作方法,了解面塑金鱼身体的颜色搭配,在捏制过程中体验自由创作的乐趣,感受面塑文化的魅力。

【知识准备】

(一)基础知识介绍

金鱼和鲫鱼同属于一个物种,起源于我国,也称金鲫鱼,近似鲤鱼,但无口须,是由鲫鱼进化而成的观赏鱼类。金鱼的品种很多,有红色、橙色、紫色、蓝色、墨色、银白色、五花色等颜色,分为文种、草种、龙种、蛋种四类。在 12 世纪,人们已开始对金鱼家化进行遗传研究,经过长时间培育,金鱼品种不断优化。现在世界各国的金鱼都是直接或间接由我国引种的,是世界观赏鱼史上最早的品种。金鱼易于饲养,它身姿奇异,色彩绚丽,一般呈金黄色,形态优美,很受人们的喜爱,有金玉满堂、年年有余等美好的寓意。

(二)典故传说

公元 968 年前后,北宋人在杭州、嘉兴及南屏山中发现了一种罕见的红色、黄色的鱼。人们十分惊叹它的鲜艳色彩。这种鱼被捕获后,好多人不忍将其宰杀食用,于是就放进池塘里饲养起来。后来,一些文人雅士便给这种鱼起了个动听的名字——金鲫鱼,俗称金鱼。金兵入侵后,宋朝皇帝赵构被迫迁都杭州。不久,赵构听说杭州的金鱼美丽无比,便命人造了个养鱼池,将捕获来的金鱼放进去,专门供自己观赏玩味。从此,赵构开创了家养金鱼的先例,随后南宋的皇亲国戚纷纷造池养鱼,一时养金鱼成风。

(三)各种类型的金鱼

各种类型的金鱼如图 3-2-1、图 3-2-2 所示。

【成品标准】

面塑金鱼整体呈红白相间或金黄色,颈短、鳍小、尾长、头部宽,眼圆外突,脊背平正,到了尾柄上部才以 30°角向下弯曲。小尾鳍为体长的 1/4,呈三叉形。面塑金鱼成品如图 3-2-3 所示。

工笔画金鱼

木雕金鱼

瓷金鱼

铜雕金鱼

图 3-2-1　各种类型的金鱼

图 3-2-2　金鱼

图 3-2-3　面塑金鱼成品展示

【制作过程】

面塑金鱼的制作过程如下。

 Note

步骤一：将红色和白色面团捏在一起，捏出金鱼身体的大体形状，用拨子制作出鱼嘴。

步骤二：用球刀按压出头部细节，用拨子压出鱼鳃、鱼眼和鱼鳞。

  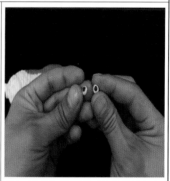

步骤三：捏出尾部，取两个大小一致的黑色面团和白色面团捏出眼睛。

步骤四：将捏好的鱼眼安在鱼头两侧，把鱼尾捏大捏扁，用剪刀以"V"字形剪下。

Note

  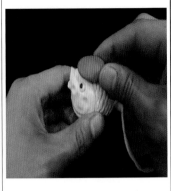

步骤五：用剪刀剪好后，拿拨子制作鱼尾的纹路，取一块红色面团捏成圆形粘在金鱼头顶上。

  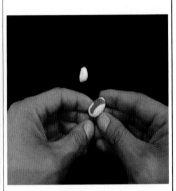

步骤六：用球刀捏制出金鱼头顶的肉瘤纹路，取一小块红色面团、一小块白色面团揉在一起。

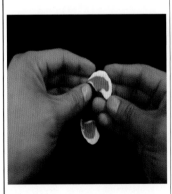  

步骤七：捏出两对鱼鳍粘在金鱼身体的相应部位。

 Note

 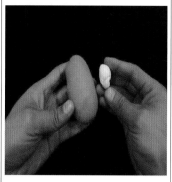 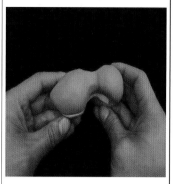

步骤八：将制作好的金鱼放置在捏好的珊瑚和水草上进行装饰，取一块黄色面团、一块白色面团揉出金鱼身体的大体形状。

步骤九：用拨子制作出鱼眼、鱼鳃、鱼鳞等。

步骤十：按照上一个金鱼的制作步骤捏出鱼尾。

面塑金鱼鱼
鳞的捏制

Note

步骤十一：用剪刀将鱼尾以"V"字形剪下，用拨子制作出纹路。

步骤十二：用黄色面团捏出鱼鳍，用黄色面团和白色面团捏出一对眼睛。

步骤十三：将制作好的一对眼睛粘在头部。将制作好的鱼鳍组装。再将制作好的金鱼放在珊瑚上。整理成型。

Note

【评价标准】

评价内容	评价要求	配分	自评	互评	总分
成品标准	面塑金鱼整体呈红白相间或金黄色,颈短、鳍小、尾长、头部宽,眼圆外突,脊背平正,到了尾柄上部才以 30°角向下弯曲。小尾鳍为体长的 1/4,呈三叉形	2			
捏制手法	灵活运用揉、捏、拨、剪等捏制手法	2			
捏制时间	90 分钟	1			

【拓展任务】

面塑鲤鱼的制作过程如下。

**面塑鲤鱼
躯干的捏制**

步骤一:将底座捏好,再勾勒出底座细节,将鲤鱼的细节划出。

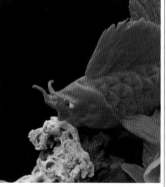 

**面塑鲤鱼
尾巴的捏制**

步骤二:组装面塑鲤鱼时,红色鲤鱼在上,头朝下,黄色鲤鱼在下,头朝上,像在水中游动。最后整理成型。

【练习与作业】

1.讲述关于金鱼的典故传说。

2.制作完成一只面塑金鱼与一只面塑鲤鱼的成品。

任务三

面塑骏马的制作

扫码看课件

【学习目标】

通过观察奔跑中的骏马,感知骏马的主要外形特征,尝试运用揉、插、粘、捏、划等捏制手法,学会面塑骏马头部、躯干、四肢和尾部的制作方法,了解面塑骏马的颜色搭配,在捏制过程中体验自由创作的乐趣,感受面塑文化的魅力。

【知识准备】

(一)基础知识介绍

骏马,即良马,跑得快的好马,疾驰的马。头面平直而偏长,耳短,四肢长,骨骼坚实,肌腱和韧带发育良好,附有掌枕遗迹的附蝉(俗称夜眼),蹄质坚硬,能在坚硬的地面上迅速奔驰。毛色复杂,以栗色、褐色、青色和黑色居多。皮毛春、秋季各脱换一次,汗腺发达,有利于调节体温,不畏严寒酷暑,容易适应新环境。胸廓深广,心肺发达,适于奔跑和强烈劳动。

(二)典故传说

有个要出卖骏马的人,接连三天待在集市上,没有人理睬。这人就去见相马的专家伯乐,说:"我有匹好马要卖掉,接连三天待在集市上,没有人来过问,希望您帮帮忙去看看我的马,绕着我的马转几个圈儿,离开时再回头看它一眼,我愿将一天的报酬奉送给您。"

伯乐接受了这个请求,就去绕着马儿转几圈,看了一看,离开时再回过头看了一眼,这匹马的价钱立刻涨了十倍。"千里马常有,而伯乐不常有。"现实中还有众多的"千里马"在等待着被"伯乐"发现,马好仍需识马人。

(三)各种形式的骏马

各种形式的骏马如图 3-3-1、图 3-3-2 所示。

工笔画骏马

石雕骏马

玉雕骏马

图 3-3-1　各种形式的骏马

Note

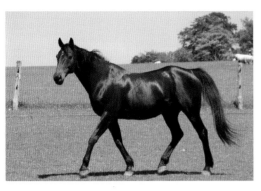

图 3-3-2　骏马

【成品标准】

　　捏制出的骏马整体为棕色,鬃毛为黑色,体态魁梧,头小,面部长,耳壳直立,四肢强健,每肢各有一蹄,善跑,尾生有长毛。面塑骏马成品如图 3-3-3 所示。

图 3-3-3　面塑骏马成品展示

【制作过程】

　　面塑骏马的制作过程如下。

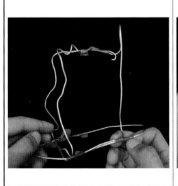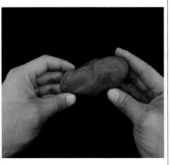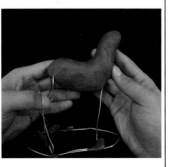

步骤一:用铁丝搭出骏马的骨架,将棕色面团固定在支架上。

面塑骏马
腿部的捏制

面塑骏马
头部的捏制

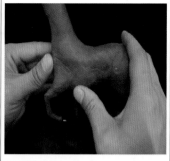

步骤二：将支架上的棕色面团捏成骏马的颈部、身体、腿部。用拨子划出肌肉。🖥

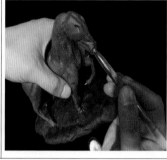

步骤三：用拨子划出骏马的头部、嘴、鼻子、眼窝等。用白色小面团和黑色小面团捏出骏马的眼睛，粘在眼窝内。🖥

步骤四：将黑色面团揉搓成长条状，粘在骏马的颈部。捏成骏马的鬃毛。

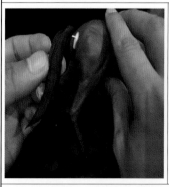
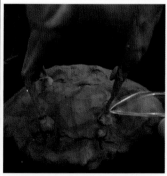

步骤五：把黑色面团压扁，用尺板压出条纹，卷成马尾的形状，粘在骏马的尾部。整理成型。

Note

【评价标准】

评价内容	评价要求	配分	自评	互评	总分
成品标准	捏制出的骏马整体为棕色,鬃毛为黑色,体态魁梧,头小,面部长,耳壳直立,四肢强健,每肢各有一蹄,善跑,尾生有长毛	2			
捏制手法	灵活运用揉、插、粘、捏、划等捏制手法	2			
捏制时间	90 分钟	1			

【拓展任务】

面塑梅花鹿的制作过程如下。

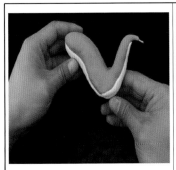  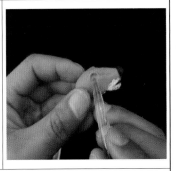

步骤一:将梅花鹿的身体与四肢进行组装,勾勒出梅花鹿的头、鼻、嘴、眼的轮廓。

面塑梅花鹿
头的捏制

步骤二:将鹿角安在相应位置,用白色颜料在鹿身上点出斑点。

面塑梅花鹿
斑点的涂染

【练习与作业】

1.描述骏马的形象特征。

2.制作一匹面塑骏马与一只面塑梅花鹿成品。

Note

任务四

面塑孔雀的制作

扫码看课件

【学习目标】

通过观察开屏的孔雀形象,感知孔雀的主要外形特征,尝试运用揉、插、粘、捏、划等捏制手法,学会面塑孔雀头部、躯干、爪子、羽毛和翅膀的制作方法,了解面塑孔雀的身体颜色搭配,在捏制过程中体验自由创作的乐趣,感受面塑文化的魅力。

【知识准备】

(一)基础知识介绍

孔雀,全长达 2 米以上,其中尾屏长约 1.5 米,为鸡形目,头顶翠绿,羽冠为蓝绿色而呈尖状;尾上覆羽特别长,形成尾屏,鲜艳美丽;真正的尾羽很短,呈黑褐色。雌鸟无尾屏,羽色暗褐而多杂斑。

(二)典故传说

传说,有一天米提拉国王杰格外出时,无意之中,拾到了一只很大很大的孔雀蛋,十分高兴,他小心翼翼把蛋带回家来,放在篮子里,并将篮子挂在炉子上面的钩上。没过多少天,奇迹发生了,这只蛋忽然打开,从里面走出来一位亭亭玉立、婀娜多姿的仙女,她就是罗摩的妻子悉多。后来,由于魔王罗婆那劫夺罗摩的妻子悉多,众神害怕魔王罗婆那的暴行,他们纷纷躲进孔雀的体内。为此,大神帝释天恩赐孔雀今后不再惧怕毒蛇和妖魔,并在尾羽上点缀了上千只"眼睛"。由此,孔雀更为人们所赞赏和爱慕。每当孔雀开屏翩翩起舞时,上千只"眼睛"就在孔雀屏上闪闪发光,光彩照人。

(三)各种形式的孔雀

各种形式的孔雀如图 3-4-1、图 3-4-2 所示。

工笔画孔雀　　　　　铜雕孔雀　　　　　木雕孔雀　　　　　玉雕孔雀

图 3-4-1　各种形式的孔雀

图 3-4-2   孔雀

【成品标准】

捏制出的孔雀头顶翠绿,羽冠为蓝绿色而呈尖状;尾上覆羽特别长,形成尾屏,鲜艳美丽;真正的尾羽很短,呈黑褐色。雌鸟无尾屏,羽色暗褐而多杂斑。面塑孔雀成品如图 3-4-3 所示。

图 3-4-3   面塑孔雀成品展示

【制作过程】

面塑孔雀制作过程如下。

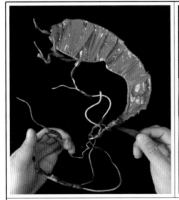

步骤一:把橙色、黑色、白色三种颜色的面团揉在一起粘在支架的底部。

Note

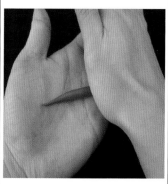

步骤二:用尺板压出树枝的纹路,将蓝色面团搓成柳叶状。

步骤三:将蓝色面团压成长条状,用尺板压出羽毛的纹路。

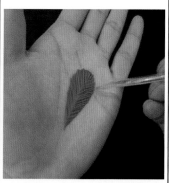

步骤四:将压好的蓝色羽毛粘在相应部位,再将蓝色面团压成水滴状,用尺板划出尾羽的纹路。

 Note

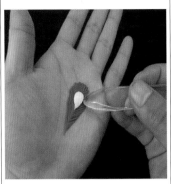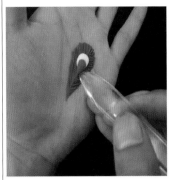

步骤五:把白色面团粘在蓝色尾羽上,再把蓝色面团压成水滴状,粘在白色面团上,制成孔雀尾羽。

面塑孔雀
羽毛的拼摆

步骤六:将制好的若干蓝色、绿色尾羽分别粘在孔雀尾部支架上。

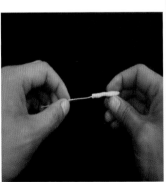

步骤七:将蓝色、黄色、绿色面团捏成孔雀身体和颈部,在黄色面团、蓝色面团中插入铁丝,捏制成孔雀的腿和爪子。

Note

步骤八：把黄色面团捏制成孔雀爪子，并捏制出爪尖的形状，粘在孔雀身体上。将一块橙色面团捏制成孔雀的嘴部。

步骤九：把孔雀的冠粘在孔雀的头顶，用墨绿色、红色、蓝色面团捏制成孔雀的翅膀。

步骤十：把孔雀的翅膀粘在孔雀身体的两侧，最后整理点缀成型。

Note

【评价标准】

评价内容	评价要求	配分	自评	互评	总分
成品标准	捏制出的孔雀头顶翠绿,羽冠为蓝绿色而呈尖形;尾上覆羽特别长,形成尾屏,鲜艳美丽;真正的尾羽很短,呈黑褐色。雌鸟无尾屏,羽色暗褐而多杂斑	2			
捏制手法	灵活运用揉、插、粘、捏、划等捏制手法	2			
捏制时间	120 分钟	1			

【拓展任务】

面塑仙鹤的制作过程如下。

步骤一:将一块白色面团捏出仙鹤身体的形状,用尺板划出仙鹤腹部的羽毛,把黑色面团压成仙鹤尾羽的形状,将白色面团压成仙鹤羽毛的形状。

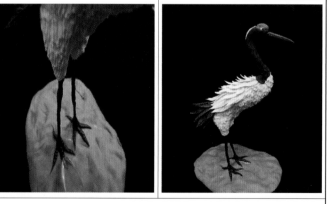

步骤二:把一块红色面团粘在仙鹤的头顶部,用棕色面团捏出嘴,用一小块黑色面团和一小块白色面团捏出眼睛。用黑色面团把支架包裹住,做出爪子的形状,整理成型。

【练习与作业】

1.孔雀尾上覆羽特别长,形成_____,鲜艳美丽。

2.制作完成一只面塑孔雀与一只面塑仙鹤成品。

面塑仙鹤
头的捏制

任务五

面塑老鹰的制作

扫码看课件

【学习目标】

通过观察自然中翱翔老鹰的形象,感知老鹰的主要外形特征,尝试运用揉、粘、剪、缠等捏制手法,学会面塑老鹰头部、躯干、爪子、鹰嘴、翅膀和羽毛的捏制和搭骨架的手法,了解面塑老鹰的身体颜色搭配,在捏制过程中体验自由创作的乐趣,感受面塑文化的魅力。

【知识准备】

（一）基础知识介绍

鹰一般指鹰属的各种鸟类,广义上泛指小型鹰科猛禽,有时也将鹰科、较大的隼科与鸮形目的鸟类俗称为鹰。鹰是肉食性动物,体态雄伟,性情凶猛,会捕捉老鼠、蛇、野兔或小鸟。大型的鹰科鸟类(雕)可以捕捉山羊、绵羊和小鹿。我国较常见的鹰有苍鹰、雀鹰和松雀鹰三种。所有的猛禽都属于国家重点保护动物,严禁捕捉、贩卖、购买、饲养及伤害。

（二）典故传说

在满族萨满神谕中讲到,天刚初开的时候,大地像一包冰块,阿布卡赫赫让一只神鹰从太阳那里飞过,抖了抖羽毛,把光和热装进羽毛里,然后飞到世上。从此,大地冰雪才融化,人及其他生灵才能吃饭、安歇和生儿育女。可是神鹰飞得太累,休息时睡着了,羽毛里的火掉出来,将森林、石头烧红了,彻夜不熄。神鹰忙用巨膀扇灭火焰,用巨爪搬土盖火,死于烈火中。最后鹰魂化成了女萨满。

（三）各种形式的老鹰

各种形式的老鹰如图 3-5-1、图 3-5-2 所示。

工笔画老鹰　　　　　铜雕老鹰　　　　　木雕老鹰　　　　　石雕老鹰

图 3-5-1　各种形式的老鹰

图 3-5-2 老鹰

【成品标准】

　　面塑老鹰为棕灰色,鹰嘴和爪子为黄色,双翅张开,羽毛丰满,嘴弯曲、锐利,脚爪有钩,鹰腿肌肉强劲。面塑老鹰成品如图 3-5-3 所示。

图 3-5-3 面塑老鹰成品展示

【制作过程】

　　面塑老鹰的制作过程如下。

步骤一:用铁丝缠制成老鹰翅膀和身体的大体轮廓,再缠上胶布,将黑色、绿色面团揉在一起,粘在铁丝底部制成底座,用拨子制作出纹路。

Note

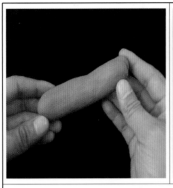  

步骤二：将一块灰色面团揉成椭球状粘在铁丝上，捏制成老鹰的身体，用黄色面团做成鹰嘴粘在头部。

  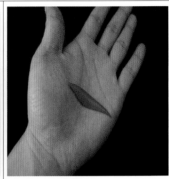

步骤三：用拨子划出老鹰身体羽毛的纹路，将灰色面团揉成柳叶形。

步骤四：用拨子压出羽毛的纹路，粘在老鹰的尾部。

步骤五：将灰色面团揉成柳叶形，插上细铁丝，压扁。

 Note

步骤六：用拨子划出羽毛的细纹，用剪刀精修出更清晰的纹路，一片一片粘在用胶布缠好的铁丝上。

步骤七：将所有制作好的羽毛按大小、层次粘在胶布上。

步骤八：将两个翅膀的羽毛全部粘好。

步骤九：用黄色面团捏出鹰爪。

面塑老鹰
的捏制

 Note

步骤十：用黑色面团捏出爪尖，将鹰爪安装在鹰腿上，整理成型。

【评价标准】

评价内容	评价要求	配分	自评	互评	总分
成品标准	面塑老鹰为棕灰色，鹰嘴和爪子为黄色，双翅张开，羽毛丰满，嘴弯曲、锐利，脚爪有钩，鹰腿肌肉强劲	2			
捏制手法	灵活运用揉、粘、剪、缠等捏制手法	2			
捏制时间	120 分钟	1			

【拓展任务】

　　面塑绶带鸟的制作过程如下。

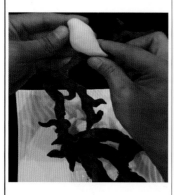

面塑绶带鸟
尾羽的捏制

步骤一：将白色面团揉成绶带鸟身体的形状，用青绿色面团穿上铁丝，捏成绶带鸟的尾部并划出羽毛的纹路，把翅膀粘在相应位置。

步骤二：分别用橙色、黑色、白色面团制作出绶带鸟的嘴、眼、冠。用尺板压出鸟头和爪子的纹理。点缀装饰，整理成型。

面塑绶带鸟
翅膀的捏制

【练习与作业】

　　1.介绍老鹰的相关知识。

　　2.制作完成一只老鹰与一只绶带鸟的面塑成品。

Note

任务六

面塑熊猫的制作

扫码看课件

【学习目标】

通过观察竹林熊猫的形象,感知熊猫的主要外形特征,尝试运用揉、粘、捏、划、压等捏制手法,学会面塑熊猫头部、眼睛、鼻子、耳朵、躯干、四肢的捏制和搭骨架的手法,了解面塑熊猫的身体颜色搭配,在捏制过程中体验自由创作的乐趣,感受面塑文化的魅力。

【知识准备】

(一)基础知识介绍

熊猫一般指大熊猫,属于食肉目、熊科、大熊猫亚科和大熊猫属唯一的哺乳动物,体色为黑白两色。熊猫有着圆圆的脸颊,大大的黑眼圈,胖胖的身体。野外大熊猫的寿命为 18~20 岁,圈养状态下可以超过 30 岁。大熊猫已在地球上生存了至少 800 万年,被誉为"活化石"和"中国国宝",是世界自然基金会的形象大使,是世界生物多样性保护的旗舰物种。

(二)典故传说

有四位年轻的牧羊女为从一只饥饿的豹口中救出一只大熊猫而被咬死。大熊猫们听说此事后,决定举行葬礼以纪念这四位女孩,那时,大熊猫浑身雪白,没有一块黑色的斑纹,为了表示对死难者的崇敬,大熊猫们戴着黑色的臂章来参加葬礼。在这感人的葬礼上,大熊猫们悲伤不已,痛哭流涕,眼泪竟与臂章的黑色混合在一起淌下,它们一擦,眼睛周围染上黑色,它们悲痛得揪自己的耳朵抱在一起哭泣,结果身上却出现了黑色斑纹。大熊猫们不仅将这些黑色斑纹保留下来作为对四个女孩的怀念,同时,也要让自己的孩子们记住所发生的一切,它们把这四位牧羊女变成了一座四峰并立的山。

(三)各种形式的熊猫

各种形式的熊猫如图 3-6-1、图 3-6-2 所示。

【成品标准】

面塑熊猫体型丰腴富态,头圆尾短,雄性个体稍大于雌性。体色为黑白两色,有大的黑眼圈,标志性的内八字的行走方式,也有解剖刀般锋利的爪子。面塑熊猫成品如图 3-6-3 所示。

工笔画熊猫

石雕熊猫

玉雕熊猫

木雕熊猫

图 3-6-1 各种形式的熊猫

图 3-6-2 熊猫

图 3-6-3 面塑熊猫成品展示

【制作过程】

面塑熊猫的制作过程如下。

步骤一：各取一块白色面团和黑色面团，将白色面团揉成球状，将黑色面团揉成长条状。

步骤二：将白色面团和黑色面团组合，白色面团做熊猫的身体，黑色面团做熊猫的腿部。

步骤三：将黑色面团揉成球状做熊猫的颈部，再搓揉两个黑色面团制成熊猫的上肢。

步骤四：把白色面团揉成椭球状，做熊猫的头部，用拨子压出熊猫的眼窝。取两个大小一致的黑色小面团当熊猫的眼圈。

面塑熊猫头
的捏制

Note

步骤五：把黑色小面团压扁当作黑眼圈，用两个白色小面团做熊猫的眼白，再用两个黑色的小面团做熊猫的眼珠。

步骤六：用拨子压出熊猫的嘴和鼻子，用两个黑色面团揉成小球。

步骤七：把黑色面团揉成圆形，在熊猫头部顶端两侧刷水，将两个黑色面团粘在熊猫的耳朵部位。

步骤八：用拨子划出熊猫的毛。

Note

步骤九:把白色面团揉成球状,做熊猫的尾巴和掌心。

步骤十:用绿色面团做竹子,最后点缀整理。

【评价标准】

评价内容	评价要求	配分	自评	互评	总分
成品标准	面塑熊猫体型丰腴富态,头圆尾短,雄性个体稍大于雌性。体色为黑白两色,有大的黑眼圈,标志性的内八字的行走方式,也有解剖刀般锋利的爪子	2			
捏制手法	灵活运用揉、粘、捏、划、压等捏制手法	2			
捏制时间	120分钟	1			

【拓展任务】

面塑兔子的制作过程如下。

面塑兔子
耳朵的捏制

 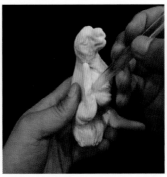 

步骤一:用一块白色面团揉成兔子身体的形状,把另一块白色面团揉成兔子后腿的形状,粘在相应位置,用拨子划出爪子的轮廓。

Note

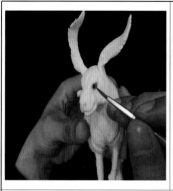

面塑兔子
头的捏制

步骤二：用红色面团揉成小球状做兔子的眼睛，用黑色面团揉成小球状做兔子的眼珠，粘在眼窝内，用黄色面团和绿色面团做胡萝卜。整理成型。📺

【练习与作业】

1. 大熊猫已在地球上生存了至少 800 万年，被誉为＿＿＿＿和＿＿＿＿。

2. 制作完成一只熊猫与一只兔子的面塑成品。

Note

任务七

面塑大象的制作

扫码看课件

【学习目标】

通过观察自然中大象的形象,感知大象的主要外形特征,尝试运用揉、插、粘、捏、拨等捏制手法,学会面塑大象头部、牙、耳朵、躯干、四肢的捏制和搭骨架的手法,了解面塑大象的身体颜色搭配,在捏制过程中体验自由创作的乐趣,感受面塑文化的魅力。

【知识准备】

(一)典故传说

几千年来,人们与大象结下了不解之缘,人们喜欢大象,崇拜大象。在中国传统文化里,"象"与"祥"字谐音,故象被赋予了吉祥的寓意,如以象驮宝瓶(平)为"太平有象";以象驮插戟(吉)宝瓶为"太平吉祥";以童骑(吉)象为"吉祥";以象驮如意或象鼻卷如意为"吉祥如意"。古人云:"太平有象",寓意"吉祥如意"和"出将入相"。傣族人民历来把大象看成是吉祥、力量的象征。由于云南西双版纳地区是大象的天堂,当地老百姓十分喜爱大象,以大象作为吉祥物,寓意平安吉祥、招财进宝。

(二)各种形式的大象

各种形式的大象如图 3-7-1 所示。

图 3-7-1　大象

【成品标准】

面塑大象头大,耳大如扇,四肢粗大如圆柱以支持巨大身体,膝关节不能自由屈伸,鼻长几乎与体长相等,呈圆筒状,伸屈自如;象鼻全部是由肌肉组成的,鼻孔开口在末端,鼻尖有指状突起,象鼻非常灵活自如。面塑大象成品如图 3-7-2 所示。

图 3-7-2 面塑大象成品展示

【制作过程】

面塑大象的制作过程如下。

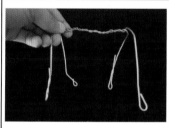	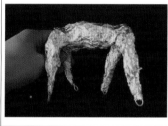	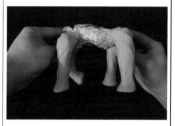

步骤一:用铁丝搭出大象身体和四肢的骨架,用锡纸填充。取灰色面团捏出大象的四肢。

		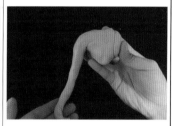

步骤二:用灰色面团填充大象的腹部和背部,并捏出大象的肌肉,再取灰色面团捏出大象的头部和鼻子。

		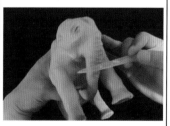

步骤三:组装后用拨子按压出大象的头部、眼窝、鼻子的纹路,并进一步细化。

面塑大象
的捏制

Note

步骤四：用白色面团和灰色面团捏出大象的牙和耳朵，粘在相应的位置。

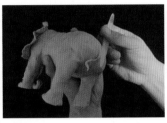

步骤五：用拨子划出大象皮肤的褶皱，并捏出尾巴，粘在相应的部位，整理成型。

【评价标准】

评价内容	评价要求	配分	自评	互评	总分
成品标准	面塑大象头大，耳大如扇，四肢粗大如圆柱以支持巨大身体，膝关节能自由屈伸，鼻长几乎与体长相等，呈圆筒状，伸屈自如；象鼻全部是由肌肉组成的，鼻孔开口在末端，鼻尖有指状突起，象鼻非常灵活自如	2			
捏制手法	灵活运用揉、插、粘、捏、拨等捏制手法	2			
捏制时间	120分钟	1			

【拓展任务】

面塑犀牛的制作过程如下。

步骤一：用白色面团捏出犀牛的身体，将四肢安在相应位置，用拨子划出肌肉纹路。

 Note

步骤二:用白色面团捏出犀牛的头部,用拨子压出犀牛头部轮廓,将头安在相应位置,
整理成型。

面塑犀牛
颜色的喷染

【练习与作业】

　　1.讲述大象的特征。

　　2.制作完成一头大象与一头犀牛面塑成品。

Note

任务八

面塑狮子的制作

扫码看课件

【学习目标】

通过观察不同造型的狮子形象,感知狮子的主要外形特征,尝试运用揉、插、粘、捏、拨等捏制手法,学会面塑狮子的头部、躯干、四肢的捏制和搭骨架的手法,了解面塑狮子的制作结构及配色知识,在捏制过程中体验自由创作的乐趣,感受面塑文化的魅力。

【知识准备】

(一)基础知识介绍

狮子在我国古代称为狻猊。狮子是一种生存在非洲与亚洲的大型猫科食肉动物,是现存平均体重最大的猫科动物,也是世界上唯一一种雌雄两态的猫科动物。

狮子体型大,躯体均匀,四肢中长,趾行性。头大而圆,吻部较短,视、听、嗅觉均很发达,有"草原之工"的称号。野生非洲雄狮平均体重240千克,全长可达3.2米。狮子的毛发短,体色有浅灰色、黄色或茶色,雄狮很长的鬃毛,鬃毛有淡棕色、深棕色、黑色等,长长的鬃毛一直延伸到肩部和胸部。

(二)各种形式的狮子

各种形式的狮子如图 3-8-1、图 3-8-2 所示。

图 3-8-1 狮子

【成品标准】

面塑狮子整体呈暗红色,体态魁梧,肌肉发达,狮头饱满,眼大明亮,杏鼻利齿,四肢健硕,狮爪锋利。面塑狮子成品如图 3-8-3 所示。

图 3-8-2 狮子造型

图 3-8-3 面塑狮子成品展示

【制作过程】

面塑狮子的制作过程如下。

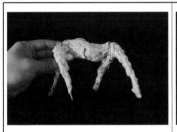

步骤一：用铁丝弯成狮子的身体和四肢，用锡纸填充身体，将白色面团粘在铁丝上，制作出狮子的四肢和身体。

步骤二：用拨子按压出狮头的轮廓。用拨子划出狮子的鬃毛、嘴、鼻子、眼窝。

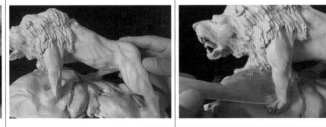

步骤三：进一步细化狮子的肌肉和鬃毛，用拨子划出狮子的肌肉线条，并对爪子进行细化。

面塑狮子
鬃毛的捏制

Note

步骤四:用灰色面团捏出狮子的尾部和底托,并用深棕色颜料和土黄色颜料将狮子全身涂满。

步骤五:用暗红色颜料涂在狮子的鬃毛上,点上眼睛,最后成型。🖥

【评价标准】

评价内容	评价要求	配分	自评	互评	总分
成品标准	面塑狮子整体呈暗红色,体态魁梧,肌肉发达,狮头饱满,眼大明亮,杏鼻利齿,四肢健硕,狮爪锋利	2			
捏制手法	灵活运用揉、插、粘、捏、拨等捏制手法	2			
捏制时间	120分钟	1			

【拓展任务】

面塑豹子的制作过程如下。

步骤一:用深灰色的面团捏出豹子的身体轮廓和四肢,按压出豹子的肌肉线条,并捏出豹子的头部和颈部轮廓。🖥

面塑狮子躯干颜色的涂染

面塑豹子身体的捏制

Note

步骤二：用黄色颜料将豹子全身涂满，用白色颜料涂在豹子的腹部，用黑色颜料点在豹子身上作为豹纹，并加上眼睛，整理成型。

面塑豹子
颜色的涂染

【练习与作业】

　　1.用_____修整狮子的整个身体，各面团之间无缝隙。

　　2.独立完成一只狮子与一只豹子面塑成品。

Note

第四单元

祥瑞神兽类典型面塑的制作

◆学习导读

本单元主要学习祥瑞神兽类典型面塑的制作，通过欣赏不同造型的神兽，了解其典故传说，运用揉、粘、压、捏、拨、缠、包等捏制手法，完成作品制作。本单元共设计了八个任务，按照捏制手法由易到难的顺序编排，分别是面塑赑屃的制作、面塑金蝉的制作、面塑白虎的制作、面塑貔貅的制作、面塑麒麟的制作、面塑祥龙的制作、面塑饕餮的制作、面塑凤凰的制作。祥瑞神兽类典型面塑的学习重点和难点在于对作品的了解及对其所包含寓意的深刻理解，领会其神韵。希望学习者在前三个单元学习的基础上，熟练运用面塑捏制手法，展开想象，体验自主探究和自由创作的乐趣，感受面塑艺术及中华传统文化的魅力。

扫码看课件

任务一

面塑赑屃的制作

【学习目标】

　　通过欣赏神话中的赑屃,感知其特有的形象特点,了解赑屃的典故传说及配色知识,尝试探索运用粘、压、捏、拨、包等捏制手法塑造形象,学会面塑赑屃头部、躯干、四肢的捏制和搭骨架的手法,在制作过程中体验自由创作的乐趣,感受面塑文化的魅力。

【知识准备】

　　(一)基础知识介绍

　　赑屃一般指霸下,又名龟趺、龙龟等,是中国古代传说中的神兽,为鳞虫之长瑞兽龙之九子第六子,样子似龟,喜欢负重,碑下龟是也。赑屃是长寿和吉祥的象征,它总是奋力地向前昂着头,四只脚顽强地撑着,努力地向前走,并且总是不停步。赑屃的原形可能为斑鳖,和龟十分相似,但赑屃有一排牙齿,而龟类却没有,背甲上甲片的数目和形状与龟类相比也有差异。

　　(二)典故传说

　　在上古时代,赑屃经常驮着三山五岳,在神州的江河湖海中兴风作浪,为祸人间。大禹治水时,将其收服。从此,它就跟着大禹推山开河,挖渠疏沟,造福人间。大禹在治理了洪水以后,怕它闲下来又去作怪,就搬来一个顶天立地的巨型石碑,上面记载着治水的功绩让它驮着,不停地走下去。

　　(三)各类赑屃造型

　　各类赑屃造型如图 4-1-1 所示。

素描赑屃　　　　石雕赑屃　　　　木雕赑屃　　　　玉雕赑屃

图 4-1-1　各类赑屃造型

Note

【成品标准】

　　赑屃整体呈深蓝色龟状，龙头，独角，角在头顶中部。面塑赑屃成品如图 4-1-2 所示。

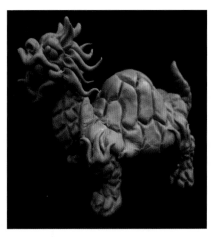

图 4-1-2　面塑赑屃成品展示

【制作过程】

　　面塑赑屃的制作过程如下。

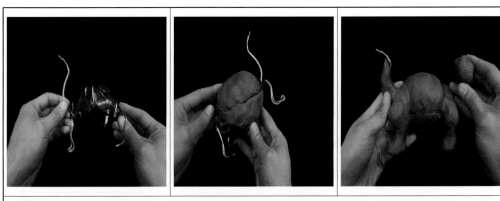

步骤一：将一块蓝色面团包在铁丝上制作出赑屃身体的形状。

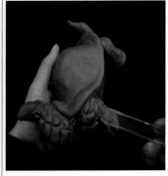

步骤二：用拨子压出脖子和腿部的纹路。

面塑赑屃
鳞片的捏制

Note

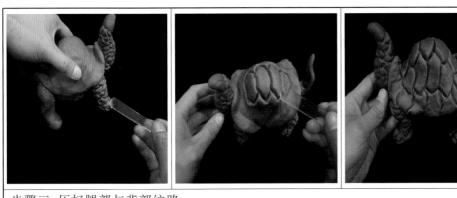

步骤三：压好腿部与背部纹路。

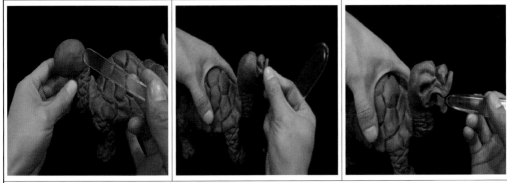

步骤四：用拨子制作出头部形状。

步骤五：将面团制作成水滴状粘在头部，形成赑屃的角和牙齿。

步骤六：将水滴状蓝色面团捏制成赑屃的发髻，粘在头部的两侧。最后把蓝色面团捏成火焰状，粘在腿部，制作完成，整理成型。

面塑赑屃
头的捏制

Note

【评价标准】

评价内容	评价要求	配分	自评	互评	总分
成品标准	赑屃整体呈深蓝色龟状,龙头,独角,角在头顶中部	2			
捏制手法	灵活运用粘、压、捏、拨、包等捏制手法	2			
捏制时间	120分钟	1			

【练习与作业】

1. 赑屃跟着谁推山开河,挖渠疏沟,造福人间?
2. 制作完成赑屃的面塑成品。

【拓展训练】

根据以下图片设计出不同造型的赑屃。

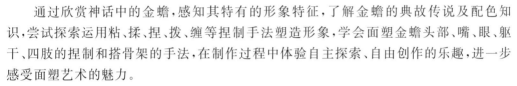

任务二

面塑金蟾的制作

扫码看课件

【学习目标】

通过欣赏神话中的金蟾,感知其特有的形象特征,了解金蟾的典故传说及配色知识,尝试探索运用粘、揉、捏、拨、缠等捏制手法塑造形象,学会面塑金蟾头部、嘴、眼、躯干、四肢的捏制和搭骨架的手法,在制作过程中体验自主探索、自由创作的乐趣,进一步感受面塑艺术的魅力。

【知识准备】

(一)基础知识介绍

金蟾又称三足金蟾,中国神话传说月宫有一只三条腿的蟾蜍,后人也把月宫叫蟾宫。古人认为金蟾是吉祥之物,可以招财致富。金蟾是招财的瑞兽,各种金蟾的造型都与金币、元宝有关。

(二)典型故事

吕洞宾弟子刘海功力高深,喜欢周游四海,降魔伏妖,布施造福人世。一日,他降服了长年危害百姓的金蟾妖精,在打斗过程中金蟾受伤被断一脚,只余三脚,自此金蟾臣服于刘海,为求将功赎罪,金蟾使出绝活咬进金银财宝,助刘海造福世人,帮助穷人,发散钱财。人们称其为招财蟾。

(三)各类金蟾造型

各类金蟾造型如图 4-2-1 所示。

图 4-2-1　各类金蟾造型

【成品标准】

面塑金蟾口中含住钱币,寓意口吐金钱。金蟾形象丰满,身上嵌满金钱珠宝,脚下踩着元宝。面塑金蟾成品如图 4-2-2 所示。

Note

图 4-2-2　面塑金蟾成品展示

【制作过程】

面塑金蟾的制作过程如下。

步骤一：将面团捏制成底座放在桌子上，在底座周围粘上面团，用拨子压出纹路。		

步骤二：将白色面团按压出金蟾的大体轮廓。		

步骤三：将捏制的金蟾腿安在身体相应位置并放在底座上，压出纹路。		

步骤四：将白色小球安在背部，将捏好的金钱安在嘴里，用金色颜料将金蟾身体全部涂抹均匀。

 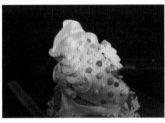 

步骤五：用其他颜料对金蟾的其余地方进行补色，最后成型。

面塑金蟾
颜色的涂染

【评价标准】

评价内容	评价要求	配分	自评	互评	总分
成品标准	面塑金蟾口中含住钱币，寓意口吐金钱。金蟾形象丰满，身上嵌满了金钱珠宝,脚下踩着元宝	2			
捏制手法	灵活运用粘、揉、捏、拨、缠等捏制手法	2			
捏制时间	120 分钟	1			

【练习与作业】

　　1.讲述金蟾的典故传说。

　　2.制作完成金蟾的面塑成品。

【拓展训练】

　　根据以下图片设计出不同造型的金蟾。

Note

任务三

面塑白虎的制作

扫码看课件

【学习目标】

通过欣赏神话中的白虎,感知其特有的形象特征,了解白虎的典故传说及配色知识,尝试探索运用粘、揉、捏、拨、缠等捏制手法塑造形象,学会面塑白虎头部、躯干、四肢、尾部、翅膀和羽毛的捏制和搭骨架的手法,在制作过程中体验自主探索、自由创作的乐趣,深刻感受面塑艺术的魅力。

【知识准备】

(一)基础知识介绍

白虎是中国古代神话中的天之四灵之一,源于远古星宿崇拜,是代表少昊与西方七宿的西方之神,于八卦为乾、兑,于五行主金,象征四象中的少阴,四季中的秋季。

(二)典故传说

白虎是战神、杀伐之神,具有避邪、禳灾、祈丰及惩恶扬善、发财致富、喜结良缘等多种神力。它是四灵之一,当然也是由星宿变成的。在二十八星宿之中,西方白虎七宿由奎、娄、胃、昴、毕、觜、参组成。白虎是古代神话中的西方之神,凶猛无比,是尊贵的象征。古代很多以白虎冠名的地方与兵家之事有关,如古代军队里的白虎旗和兵符上的白虎像等。

(三)各类白虎造型

各类白虎造型如图 4-3-1 所示。

动画白虎   矢量图白虎   白虎雕塑

图 4-3-1 各类白虎造型

【成品标准】

面塑白虎大体上与老虎无异,背部有羽翼,虎身为白色,有黑色条纹,缟身如雪,无杂毛,啸则风兴,四肢健硕,爪子锋利。面塑白虎成品如图 4-3-2 所示。

图 4-3-2　面塑白虎成品展示

【制作过程】

面塑白虎的制作过程如下。

  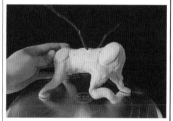

步骤一:用细铁丝弯成白虎骨骼,将白色面团粘在细铁丝上,捏出白虎的身体和四肢。

 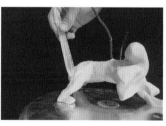 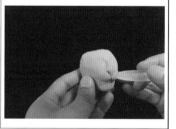

步骤二:用拨子压出白虎的肌肉线条,并捏出白虎的头部。

步骤三:将白虎的头部安在相应位置,将羽翼安在白虎的背部。

Note

面塑白虎
颜色的涂染

步骤四：用白色颜料将全身涂满，用黑色颜料画出白虎的黑色线条。整理成型。

【评价标准】

评价内容	评价要求	配分	自评	互评	总分
成品标准	面塑白虎大体上与老虎无异，背部有羽翼，虎身为白色，有黑色条纹，缟身如雪，无杂毛，啸则风兴，四肢健硕，爪子锋利	2			
捏制手法	灵活运用粘、揉、捏、拨、缠等捏制手法	2			
捏制时间	120 分钟	1			

【练习与作业】

　　1.讲述白虎的典故传说。

　　2.制作完成白虎的面塑成品。

【拓展训练】

　　根据以下图片设计出不同造型的白虎。

任务四

面塑貔貅的制作

扫码看课件

【学习目标】

通过欣赏神话中的貔貅,感知其特有的形象特征,了解貔貅的典故传说及配色知识,尝试探索运用粘、揉、捏、拨、缠等捏制手法塑造形象,学会面塑貔貅头部、躯干、四肢、尾部、翅膀和羽毛的捏制,在制作过程中体验自主探索、自由创作的乐趣,进一步感受面塑艺术的魅力。

【知识准备】

（一）基础知识介绍

貔貅别称"辟邪""天禄",龙头、马身、麟脚,形似狮子,毛色灰白,会飞,是我国古书记载和民间神话传说中的一种凶猛的瑞兽。古时候人们常用貔貅来作为军队的称呼。貔貅是转祸为祥的吉瑞之兽,除有开运、辟邪的作用之外,还能镇宅、化太岁、促姻缘等。我国传统有装饰貔貅的习俗,寓意丰富,人们相信它能带来欢乐及好运。貔貅有嘴无肛门,能吞万物而从不泄,可招财聚宝,只进不出,神通特异。

（二）典故传说

相传貔貅以前是生活在西藏、四川康定一带的猛兽,具有极强的搏击能力。当年姜子牙助武王伐纣时,一次行军途中偶遇一只貔貅,但当时无人认识,姜子牙觉得它长相威猛非凡,就想方设法将它收服并当作自己的坐骑,带着它打仗屡战屡胜。周武王见貔貅如此骁勇神奇,就给他封了一个官,官号为"云"。当时姜子牙发现貔貅每天食量惊人,却从不大小便,而唯一排泄的就是从其身体里分泌出一点点奇香无比的汗液,四面八方的动物闻到这种奇香后无不争先恐后、不由自主地跑来争食,结果反被貔貅吃掉。

（三）各类貔貅造型

各类貔貅造型如图 4-4-1 所示。

【成品标准】

面塑貔貅身形如虎豹,首尾似龙,色亦金亦玉。其肩长有一对羽翼却不可展,头生一角并后仰。面塑貔貅成品如图 4-4-2 所示。

工笔画貔貅

铜雕貔貅

石雕貔貅

木雕貔貅

图 4-4-1   各类貔貅造型

图 4-4-2   面塑貔貅成品展示

【制作过程】

面塑貔貅的制作过程如下。

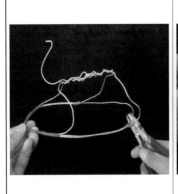

步骤一:将一块黑色面团粘在搭好骨架的铁丝上当底座,用一块灰色面团粘在铁丝上做出貔貅身体形状。

步骤二：将灰色面团缠在铁丝上做出尾巴粘在貔貅身体上，取黄色面团揉出细丝粘在尾巴上做成尾巴上的鬃毛。捏出貔貅的头和颈。

步骤三：将黄色面团揉成粗条，把一端卷起，做出三个粘在头部上。捏出貔貅的嘴、鼻子、眼窝、脑门。

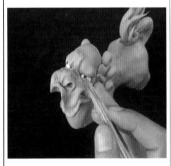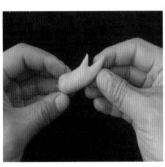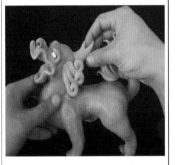

步骤四：用白色和黑色面团捏出貔貅的眼睛，装在眼窝内，用拨子细化貔貅头部形状，将黄色面团制作成角粘在头顶上。

面塑貔貅
头的捏制

步骤五：用拨子划出貔貅头部鬃毛纹路。将白色面团制作成小圆锥状粘在嘴内，做成貔貅的牙齿。

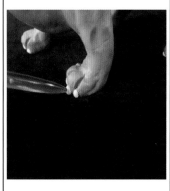 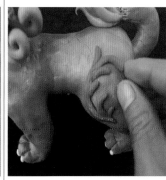 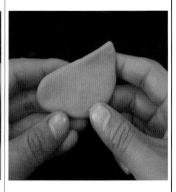

步骤六：用拨子划出爪子的纹路，并用白色面团粘出爪尖，将红色面团揉成细丝做成火焰粘在后腿部，取一块灰色面团压成翅膀状。

步骤七：用拨子压出翅膀纹路，将揉好的黄色小水滴状面团粘在翅膀旁。整理成型。

Note

【评价标准】

评价内容	评价要求	配分	自评	互评	总分
成品标准	面塑貔貅身形如虎豹,首尾似龙,色亦金亦玉。其肩长有一对羽翼却不可展,头生一角并后仰	2			
捏制手法	灵活运用粘、揉、捏、拨、缠等捏制手法	2			
捏制时间	120分钟	1			

【练习与作业】

1.讲述与貔貅相关的典故传说。

2.制作完成貔貅的面塑成品。

【拓展训练】

根据以下图片设计出不同的貔貅。

Note

任务五

面塑麒麟的制作

【学习目标】

通过欣赏神话中的麒麟,感知其特有的形象特征,了解麒麟的典故传说及配色知识,尝试探索运用粘、揉、捏、拨、缠等捏制手法塑造形象,学会面塑麒麟头部、躯干、四肢、尾部的捏制和搭骨架的手法,在制作过程中体验自主探索、自由创作的乐趣,进一步感受面塑艺术的魅力。

【知识准备】

(一)基础知识介绍

麒麟,中国传统瑞兽,性情温和,传说能活两千年。古人认为,麒麟出没处,必有祥瑞。有时用麒麟来比喻才能杰出、德才兼备的人。《礼记·礼运》中有"麟、凤、龟、龙,谓之四灵",可见麒麟地位与龙相当。

(二)典故传说

中国神话传说中,麒麟为仁兽,是吉祥的象征,能为人带来子嗣。相传在孔子的故乡曲阜,有一条阙里街,孔子的故居就在这条街上。孔子的父亲与母亲原本仅有一个儿子,但患有足疾,不能担当祀事。夫妇俩觉得太遗憾,就一起在尼山祈祷,盼望再有个儿子。一天夜里,忽有一头麒麟踱进阙里街,麒麟举止优雅,不慌不忙地从嘴里吐出一方帛,上面写着"水精之子孙,衰周而素王,徵在贤明"。第二天,麒麟不见了,他们家传出一阵响亮的婴儿啼哭声,孔子诞生。中国民间普遍认为,求拜麒麟可以生育得子。

(三)各类麒麟造型

各类麒麟造型如图 4-5-1 所示。

工笔画麒麟　　　　木雕麒麟　　　　铜雕麒麟　　　　石雕麒麟

图 4-5-1　各类麒麟造型

【成品标准】

面塑麒麟集狮头、鹿角、虎眼、麋身、龙鳞于一体，毛状尾巴像龙尾。面塑麒麟成品如图 4-5-2 所示。

图 4-5-2　面塑麒麟成品展示

【制作过程】

面塑麒麟的制作过程如下。

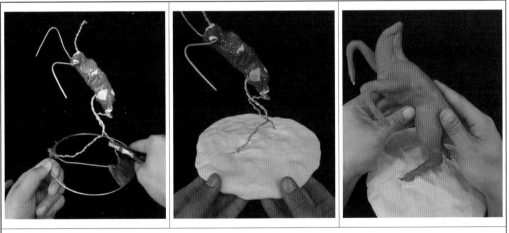

步骤一：将一块白色面团压扁粘在铁丝上当底座，取一块红色面团粘在铁丝上制作出麒麟的身体形状。

Note

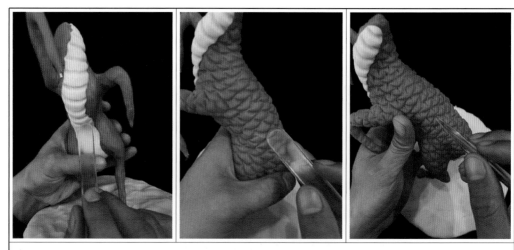

步骤二：将一块白色面团压成椭圆形薄片粘在麒麟的腹部，用拨子制作出纹路，再压出麒麟身体的鳞片。

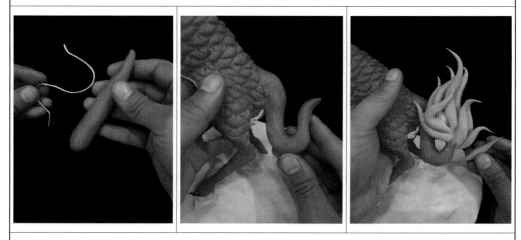

步骤三：将红色面团缠在铁丝上粘在麒麟尾部，取黄色面团揉成粗条粘在尾巴上制成鬃毛。

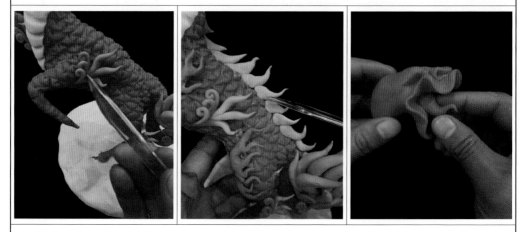

步骤四：把一块绿色面团和黄色面团揉成细条，将一端卷起，制作成火焰纹，粘在麒麟身体上，用红色面团捏出麒麟的头部和舌头。

Note

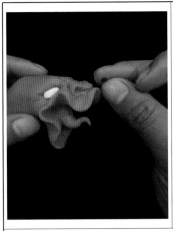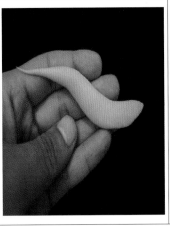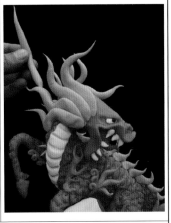

面塑麒麟
头的捏制

步骤五：将一块黄色面团揉成粗条压扁粘在麒麟头部，制作成麒麟的发鬃。将白色面团制成的牙齿粘在麒麟嘴里，并装上眼睛。

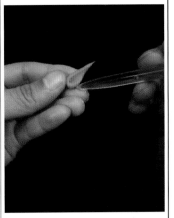

步骤六：将一块红色面团制作成角，再将红色面团制作成耳朵。

步骤七：最后，取一块黄色面团揉成细条缠在细丝上粘在麒麟嘴部，制作成麒麟的胡须。整理成型。

Note

【评价标准】

评价内容	评价要求	配分	自评	互评	总分
成品标准	面塑麒麟集狮头、鹿角、虎眼、麋身、龙鳞于一体，毛状尾巴像龙尾	2			
捏制手法	灵活运用粘、揉、捏、拨、缠等捏制手法	2			
捏制时间	120 分钟	1			

【练习与作业】

　　1.讲述与麒麟送子有关的典故传说。

　　2.制作完成麒麟的面塑成品。

【拓展训练】

　　根据以下图片设计出不同造型的麒麟。

面塑祥龙的制作

扫码看课件

【学习目标】

通过欣赏神话中的祥龙,感知其特有的形象特征,了解祥龙的典故传说及配色知识,尝试探索运用粘、揉、捏、拨、缠等捏制手法塑造形象,学会面塑祥龙头部、嘴部、龙角、躯干、四肢、发髻、爪子、鳞片的捏制和搭骨架的手法,在制作过程中体验自主探索、自由创作的乐趣,进一步感受面塑艺术的魅力。

【知识准备】

（一）基础知识介绍

祥龙是中国及东亚区域古代神话传说中的神异动物,常用来象征祥瑞。祥龙最基本的特点是"九似",在现实中无法找到实体,但其形象的组成物源于现实。祥龙能起到祛邪、避灾、祈福的作用。

（二）典故传说

祥龙是中国神话传说中的一种善变化、兴云雨、利万物的神异动物,为众鳞虫之长,四灵(龙、凤、麒麟、龟)之首。传说祥龙能显能隐,能细能巨,能短能长。春分登天,秋分潜渊,呼风唤雨,无所不能。在神话中是海底世界的主宰(龙王),在民间是祥瑞的象征,在古时则是帝王统治的化身。

（三）各类祥龙造型

各类祥龙造型如图 4-6-1 所示。

工笔画祥龙　　　　木雕祥龙　　　　铜雕祥龙　　　　石雕祥龙

图 4-6-1　各类祥龙造型

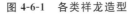
Note

【成品标准】

面塑祥龙头似驼,角似鹿,眼似兔,耳似牛,项似蛇,腹似蜃,鳞似鲤,爪似鹰,掌似虎,背有八十一鳞,口旁有须髯,颔下有明珠,喉下有逆鳞。面塑祥龙成品如图 4-6-2 所示。

图 4-6-2 面塑祥龙成品展示

【制作步骤】

面塑祥龙的制作过程如下。

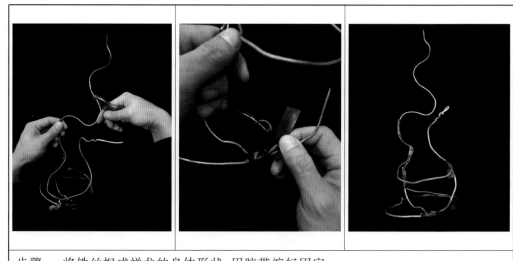

步骤一:将铁丝捏成祥龙的身体形状,用胶带缠好固定。

步骤二:将蓝色、白色面团揉在一起当底座,用拨子划出海浪的花纹。

步骤三:将一块橙色面团揉成粗条粘在铁丝上。

步骤四:将一块白色面团揉成长条状。

步骤五:把白色面团压扁粘在橙色面团上,做成祥龙的腹部。

步骤六:用拨子制作出祥龙腹部纹路。

 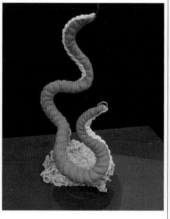 

步骤七:用拨子划出祥龙的鳞片,再取一块橙色面团制作成祥龙头。

Note

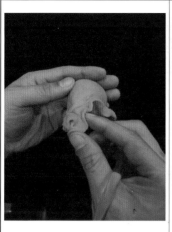 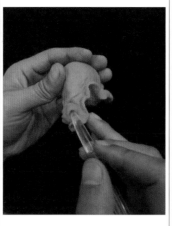 

面塑祥龙
头的捏制

步骤八：取白色、黑色、红色面团分别制作成祥龙的牙齿、眼睛、舌头，并粘在祥龙的头部。

 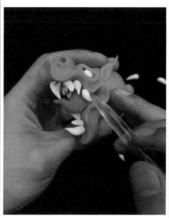 

步骤九：取一小块橙色面团揉成水滴状压扁，制成祥龙的耳朵，用拨子将耳朵粘在祥龙的头部。

 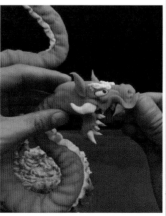 

步骤十：将祥龙的头部粘在祥龙的身体上。

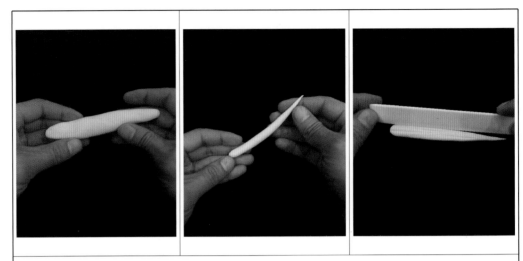

步骤十一：将白色面团压扁，用板尺压出纹路制作出祥龙的发髻。

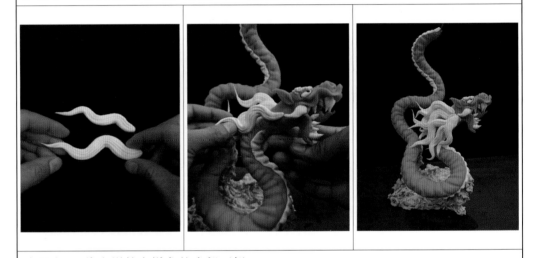

步骤十二：将发髻粘在祥龙的头部两侧。

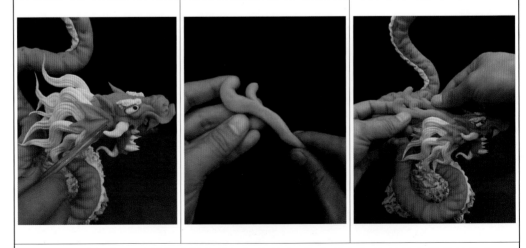

步骤十三：将橙色面团制作成祥龙的鳃部和犄角，犄角插上细铁丝粘在祥龙的头上。

步骤十四：将白色面团制作成祥龙尾部与身体的背鳍，粘在祥龙身体相应的部位。

步骤十五：将橙色面团制作成祥龙的腿部，插上细铁丝，用拨子压出肌肉和鳞片纹路。

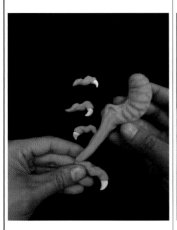 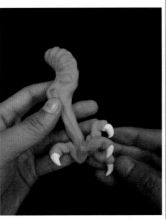 

步骤十六：将白色、橙色面团分别制作成龙腿和龙爪，粘在相应位置。整理成型。

面塑祥龙
腿的捏制

【评价标准】

评价内容	评价要求	配分	自评	互评	总分
成品标准	面塑祥龙头似驼，角似鹿，眼似兔，耳似牛，项似蛇，腹似蜃，鳞似鲤，爪似鹰，掌似虎，背有八十一鳞，口旁有须髯，额下有明珠，喉下有逆鳞	2			
捏制手法	灵活运用粘、揉、捏、拨、缠等捏制手法	2			
捏制时间	180分钟	1			

【练习与作业】

　　1.祥龙是中国传说中的一种什么样的神异动物？

　　2.制作完成一条完整的祥龙的面塑成品。

【拓展训练】

　　根据以下图片设计出不同造型的祥龙。

Note

面塑饕餮的制作

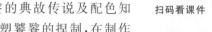

扫码看课件

【学习目标】

通过欣赏神话中的饕餮，感知其特有的形象特征，了解饕餮的典故传说及配色知识，尝试探索运用粘、揉、捏、拨、缠等捏制手法塑造形象，学会面塑饕餮的捏制，在制作过程中体验自主探索、自由创作的乐趣，进一步感受面塑艺术的魅力。

【知识准备】

（一）基础知识介绍

饕餮是古代中国神话传说中的一种神秘怪物，又称狍鸮。饕餮可比喻贪婪之徒。《左传》中记载饕餮为缙云氏之子，而不是龙之九子之一。饕餮纹是青铜器上常见的花纹，通常描绘的是饕餮的兽面。这种纹饰出现于长江下游地区的良渚文化玉器上，但饕餮纹更常见于青铜器上，尤其是鼎上。饕餮在以中国神话传说或玄幻武侠为题材的网络游戏、网络小说以及影视作品中均有相关形象。

（二）典故传说

饕餮，精于品味食物的美恶。饕餮性好食，故立于鼎盖。又说，贪食曰饕，故美食家俗称"老饕"；贪财曰餮，在世上代表人性中的贪欲。有一种说法是，饕餮没有身体，是因为它太能吃而把自己的身体吃掉，只有一个大头和一个大嘴。它是贪欲的象征，所以常用来形容贪食或贪婪的人。

（三）各类饕餮造型

各类饕餮造型如图 4-7-1 所示。

图 4-7-1　各类饕餮造型

【成品标准】

面塑饕餮形如羊身人面，眼在腋下，虎齿人手。面塑饕餮成品如图 4-7-2 所示。

图 4-7-2　面塑饕餮成品展示

【制作过程】

面塑饕餮的制作过程如下。

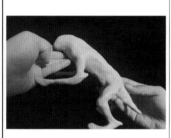  

步骤一：用白色面团捏出饕餮的躯干和四肢。

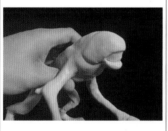  

步骤二：用拨子压出饕餮的身体和头部的纹路。

 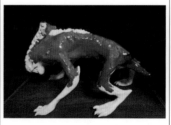 

步骤三：用绿色颜料将饕餮全身涂满。细化身体的细节，整理成型。

面塑饕餮
颜色的涂染

Note

【评价标准】

评价内容	评价要求	配分	自评	互评	总分
成品标准	面塑饕餮形如羊身人面，眼在腋下，虎齿人手	2			
捏制手法	灵活运用粘、揉、捏、拨、缠等捏制手法	2			
捏制时间	120 分钟	1			

【练习与作业】

1. 讲述饕餮的典故传说。

2. 制作完成一只饕餮面塑成品。

【拓展训练】

根据以下图片设计出不同造型的饕餮。

Note

任务八

面塑凤凰的制作

扫码看课件

【学习目标】

通过欣赏神话中的凤凰,感知其特有的形象特征,了解凤凰的典故传说及配色知识,尝试探索运用粘、揉、捏、拨、缠等捏制手法塑造形象,学会面塑凤凰头部、嘴、躯干、爪、翅膀和羽毛的捏制和搭骨架的手法,在制作过程中体验自主探索、自由创作的乐趣,进一步感受面塑艺术的魅力。

【知识准备】

(一)基础知识介绍

凤凰,亦作"凤皇",古代传说中的百鸟之王。雄的称为"凤",雌的称为"凰",总称为凤凰,亦称为丹鸟、火鸟、威凤等。凤凰常用来象征祥瑞,凤凰齐飞,是吉祥和谐的象征,自古就是中国文化的重要元素。

(二)典故传说

传说中,凤凰是人世间幸福的使者,每五百年,它就要背负着人世间的所有不快、仇恨和恩怨,投身于熊熊烈火中自焚,以美丽和生命的终结换取人世间的祥和和幸福。同样在肉体经受了巨大的痛苦和轮回后它们才能以更美好的躯体重生。

(三)各类凤凰造型

各类凤凰造型如图 4-8-1 所示。

工笔画凤凰　　　　石雕凤凰　　　　牙雕凤凰　　　　木雕凤凰

图 4-8-1　各类凤凰造型

【成品标准】

　　面塑凤凰外形特征是鸡头、燕颔、蛇颈、龟背、鱼尾,五彩色。面塑凤凰成品如图 4-8-2 所示。

图 4-8-2　　面塑凤凰成品展示

【制作过程】

　　面塑凤凰的制作过程如下。

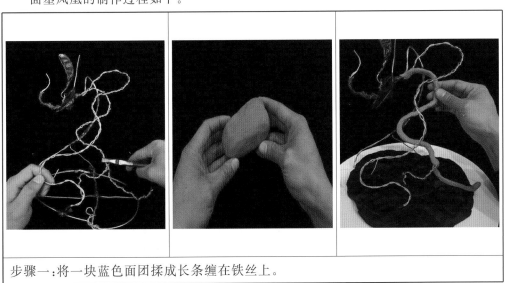

步骤一:将一块蓝色面团揉成长条缠在铁丝上。

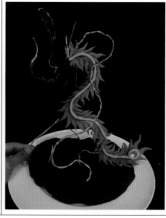

步骤二：将蓝色面团压成柳叶形粘在铁丝上，制作出凤凰的第一个尾部，将一块黄色面团揉成长条粘在上面。取一块红色面团按照蓝色面团的制作方法捏制出红色的尾部（第二个尾部），粘在铁丝上。

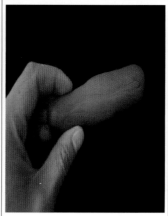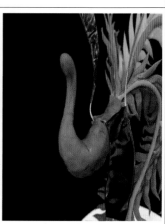

步骤三：同样用黄色面团制作出凤凰的第三个尾部，并粘在铁丝上，另将一块蓝色面团制作成身体粘在铁丝上。

步骤四：将橙色面团揉成长条状缠在细丝上并粘在凤凰的尾部，用红色面团揉成细丝粘在凤凰的颈部，用绿色和黄色面团捏成凤凰的冠和头。

Note

步骤五：取黄色与绿色面团捏制出凤凰的嘴、肉赘和柱头。用蓝色面团捏制成凤凰的羽毛，并进行身体的细化。

步骤六：用粉色和黄色面团制作出羽毛与雀翎。整理成型。

面塑凤凰
羽毛的捏制

【评价标准】

评价内容	评价要求	配分	自评	互评	总分
成品标准	面塑凤凰外形特征是鸡头、燕颔、蛇颈、龟背、鱼尾，五彩色	2			
捏制手法	灵活运用粘、揉、捏、拨、缠等捏制手法	2			
捏制时间	180 分钟	1			

【练习与作业】

1.讲述关于凤凰的典故传说。

2.独立制作完成一只凤凰的面塑成品。

Note

【拓展训练】

　　根据以下图片设计出不同造型的凤凰。

第五单元
神话人物类典型面塑的制作

◆学习导读

  本单元主要学习神话人物类典型面塑的制作，即通过欣赏不同形式人物造型，了解人物相关典故传说，运用粘、压、捏、拨、挑、包、缠等捏制手法，完成作品制作。本单元共设计了八个任务，按照捏制手法由易到难的顺序编排，分别是面塑兔爷的制作、面塑观音的制作、面塑寿星的制作、面塑福星的制作、面塑财神的制作、面塑关公的制作、面塑嫦娥的制作、面塑哪吒的制作。神话人物类面塑的学习重点和难点除了要深刻了解人物的文化之外，制作时还要反复琢磨人物的表情和肢体动作。希望学习者在前四个单元学习的基础上，巧妙运用面塑捏制手法，对人物进行整体设计，体验自主探究和自由创作的乐趣，深刻体会面塑艺术的魅力，树立传承中华传统文化的志向和信心。

面塑兔爷的制作

扫码看课件

【学习目标】

通过欣赏神话中的兔爷造型,感知人物的形象特点,了解人物相关的典故传说及配色知识,尝试探索运用粘、压、捏、拨、包等捏制手法塑造形象,学会面塑兔爷头、躯干、耳朵及旗子的捏制,在制作过程中体验自主探索、自由创作的乐趣,全面感受面塑艺术的魅力。

【知识准备】

(一)基础知识介绍

兔爷是《封神演义》中的长耳定光仙。国人有男祭灶和女祭月的习俗,兔爷早期是女人祭祀太阴星君时防止孩子捣乱而给孩子的玩具。北京、河北和山东等地都有制作、供奉和陈列兔爷的习俗。

(二)典型故事

兔爷形象源于月中的玉兔。有这么一个传说:一年,北京城里忽然起了瘟疫,几乎每家都有人染上,且无法医治。嫦娥见此情景,心里十分难过,就派身边的玉兔去为百姓治病。玉兔变成了一个少女,她挨家挨户地走,治好了很多人。人们为了感谢玉兔,纷纷送东西给她,可玉兔什么也不要,只是向别人借衣服穿,每到一处就换一身装扮,有时候打扮得像个卖油的,有时候又像个算命的;一会儿是男人装束,一会儿又是女人打扮。为了能给更多的人治病,玉兔骑上马、鹿或狮子、老虎,走遍了京城内外。消除了京城的瘟疫之后,玉兔就回到月宫中去了。于是,人们用泥塑造了玉兔的形象,有骑鹿的,有乘凤的,有披挂着铠甲的,也有身着各种工人穿的衣服的,千姿百态,非常可爱。每到农历八月十五那一天,家家都要供奉玉兔,给玉兔摆上好吃的瓜果菜豆,用来感谢玉兔给人间带来吉祥和幸福,还亲切地称玉兔为"兔爷""兔奶奶"。兔爷在北京可谓是家喻户晓。

(三)各类兔爷造型

各类兔爷造型如图 5-1-1 所示。

【成品标准】

面塑兔爷整体圆润可爱,身后有旗帜,身披红袍,面貌友善。兔爷可雕造成披金盔金甲的武士,有的骑着狮、象,有的背插纸旗或纸伞。面塑兔爷成品如图 5-1-2 所示。

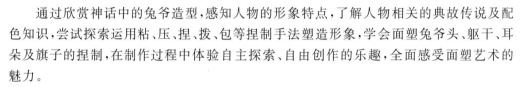

图 5-1-1　各类兔爷造型

图 5-1-2　面塑兔爷成品展示

【制作过程】

面塑兔爷的制作过程如下。

步骤一：用白色面团、绿色面团和紫色面团捏制兔爷的耳朵，用红色面团和牙签制成旗子，将白色面团揉成椭球状。

步骤二：将红色面团擀成长方片，包围在椭球状白色面团底部，捏制出兔爷的头部、衣冠、领巾。

步骤三：用颜料给兔爷上色，将兔耳朵安在头上，整理成型。🖥

面塑兔爷
耳朵、旗子
的拼摆

【评价标准】

评价内容	评价要求	配分	自评	互评	总分
成品标准	面塑兔爷整体圆润可爱，身后有旗子，身披红袍，面貌友善。兔爷可雕造成披金盔金甲的武士，有的骑着狮、象，有的背插纸旗或纸伞	2			
捏制手法	灵活运用粘、压、捏、拨、包等捏制手法	2			
捏制时间	180 分钟	1			

【练习与作业】

  1. 讲述兔爷的典故传说。
  2. 制作完成兔爷的面塑成品。

【拓展训练】

  根据以下图片设计出不同造型的兔爷。

Note

任务二

面塑观音的制作

扫码看课件

【学习目标】

通过欣赏神话中观音的造型,感知观音的形象特点,了解人物相关的典故传说及配色知识,尝试探索运用粘、压、捏、拨、包等捏制手法塑造形象,学会面塑观音头、躯干、四肢的捏制,在制作过程中体验自主探索、自由创作的乐趣,全面感受面塑艺术的魅力。

【知识准备】

(一)基础知识介绍

观音一般指观世音。"观世音"一词来自竺法护与其弟子译于长安敦煌寺的《正法华经》。竺法护初译为"光世音",其弟子聂道真改为"观世音",玄奘译为"观自在"。观世音菩萨是佛教中慈悲和智慧的象征,无论是在大乘佛教还是民间信仰,都具有极其重要的地位。以观世音菩萨为主导的大慈悲精神,被视为大乘佛教的根本。

(二)典故传说

传说观音是天竺国妙庄王的第三个女儿,名叫妙善,生而素食,长而事佛,矢志不嫁。妙庄王就让妙善去做十件难做的事情,例如用竹笏挑水装满一水池,一晚要织成一百匹布等,不能完成便要嫁人。妙善完成不了,就诚心向天祷告,感动了天上诸神,他们齐下凡间,帮助妙善,结果十件难事都依限完成。后来妙善为太白星君度之成道,成道后妙善又度父母皆得成正果。

(三)各类观音造型

各类观音造型如图 5-2-1 所示。

【成品标准】

面塑观音慈眉善目,面带微笑,头顶金环,身段优美,线条流畅,无拘无束,自由自在。面塑观音成品如图 5-2-2 所示。

Note

工笔画自在观音

石雕自在观音

铜雕自在观音

木雕自在观音

图 5-2-1　各类观音造型

图 5-2-2　面塑观音成品展示

【制作过程】

面塑观音的制作过程如下。

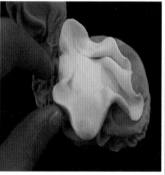
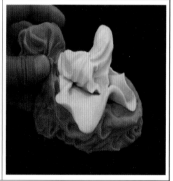

步骤一：将蓝色面团、灰色面团揉在一起制作成观音的底座，把白色面团压成片制作出观音的衣裙粘在底座上。

Note

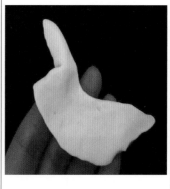

步骤二：用白色面团制作成观音的身体，粘在底座的衣裙上，另取两块白色面团捏制出观音的袍袖，粘在身体的两侧，并用拨子制作出袍子的纹路。

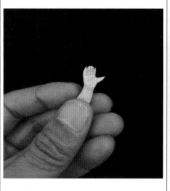

面塑观音
头的捏制

步骤三：取一块肉色面团捏出观音的双手，用肉色面团和黑色面团制作出观音的头部并粘在身体上。

步骤四：将一块白色面团压成薄片，刷上乳胶并粘在观音的头部制成纱巾，用铁丝围成一圈，刷上金粉后粘在观音的背部。整理成型。

 Note

【评价标准】

评价内容	评价要求	配分	自评	互评	总分
成品标准	面塑观音慈眉善目,面带微笑,头顶金环,身段优美,线条流畅,无拘无束,自由自在	2			
捏制手法	灵活运用粘、压、捏、拨、包等捏制手法	2			
捏制时间	200分钟	1			

【练习与作业】

1.讲述关于观音菩萨的典故传说。

2.制作完成观音的面塑成品。

【拓展训练】

根据以下图片设计出不同造型的观音。

Note

任务三

面塑寿星的制作

【学习目标】

通过欣赏不同形式的财神造型,感知人物的形象特点,了解人物相关的典故传说及配色知识,尝试探索运用粘、压、捏、拨、包等捏制手法塑造形象,学会面塑寿星的捏制,在制作过程中体验自主探索、自由创作的乐趣,进一步感受面塑艺术的魅力。

【知识准备】

(一)基础知识介绍

寿星即老人星,天文学里的名字是船底座 α 星,位于南纬 50° 左右,在中国北方地区其实很难看到。寿星在古代神话中为长寿之神,也是道教中的神仙,为福、禄、寿三星之一。后来寿星演变成仙人名称。《西游记》中描写寿星手捧灵芝,长头大耳短身躯。《警世通言》有福、禄、寿三星度世的神话故事。画像中寿星为白须老翁,持杖,额部隆起,此形象古人作为长寿老人的象征,常衬托以鹿、鹤、仙桃等。

(二)典故传说

《史记·天官书》中记载,秦始皇统一天下时就开始在首都咸阳建造寿星祠,供奉老人星。早期的供奉理由是,见到寿星天下太平,见不到就预示会有战乱发生。在早期星相著作中也记载,如果老人星变得暗淡,甚至完全不见,就预示将有战乱发生。

中国古代的太平盛世的确短暂。几十年一乱一治,分久必合,合久必分。古人观天象,占星气,都有很强的实用功利目的。那么老人星的实用价值在哪里呢?或许就在于其承载着一种重要的伦理价值观念——尊老、孝道。

汉明帝在位期间,曾主持一次祭祀寿星仪式。他亲自奉献供品,宣读表达敬意的祭文。同时还安排了一次特殊的宴会,与会者是清一色的古稀老人。普天之下,只要年满70岁,无论贵族还是平民,都有资格成为汉明帝的座上客。盛宴之后,皇帝还赠送酒肉、谷米和一柄做工精美的手杖。这件盛事记录在《后汉书》中,同时敬奉天上的寿星和人间的长寿老人,是汉明帝的一大创举。

(三)各类寿星造型

各类寿星造型如图 5-3-1 所示。

图 5-3-1　各类寿星造型

【成品标准】

　　面塑寿星颜色鲜艳，整体为黄色，线条饱满，脚踩波浪。面塑寿星成品如图 5-3-2 所示。

图 5-3-2　面塑寿星成品展示

【制作步骤】

　　面塑寿星的制作过程如下。

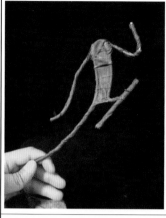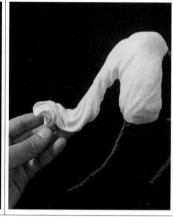

步骤一：用细铁丝弯成寿星的身体轮廓，将黄色面团粘在铁丝上，制成身体和袍袖。用白色面团制作出双腿轮廓。🖥

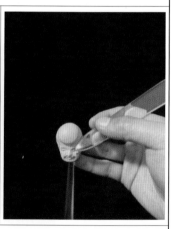

步骤二：用拨子压出寿星的身体及四肢的衣纹，并捏出寿星的靴子，取肉色面团捏出寿星的头部轮廓，并用拨子压出寿星脸上的皱纹并细化面部特征。

步骤三：用蓝色面团捏成波浪。将寿星的大耳朵捏制好后粘在头部两侧，用白色面团捏出寿星的胡子和眉毛，粘在相应的位置。🖥

步骤四:将胡子和眉毛略加整理,并捏出寿星的手、腰带、飘带、拐杖,将其安在相应位置,将绿色面团捏成寿桃的叶子,粘在拐杖上。

步骤五:将捏制好的寿桃点缀在拐杖上,并捏一个小葫芦,放在拐杖的顶端。整理成型。

【评价标准】

评价内容	评价要求	配分	自评	互评	总分
成品标准	面塑寿星颜色鲜艳,整体为黄色,线条饱满,脚踩波浪	2			
捏制手法	灵活运用粘、压、捏、拨、包等捏制手法	2			
捏制时间	200分钟	1			

【练习与作业】

1.能讲述关于寿星的典故传说。

2.制作完成寿星的面塑成品。

Note

【拓展训练】
　　根据以下图片设计出不同造型的寿星。

任务四

面塑福星的制作

扫码看课件

【学习目标】

通过欣赏神话中的福星造型,感知人物的形象特点,了解人物相关的典故传说及配色知识,尝试探索运用粘、压、捏、拨、包等捏制手法塑造形象,学会面塑福星头部、身体、手的捏制,在制作过程中体验自主探索、自由创作的乐趣,全面感受面塑艺术的魅力。

【知识准备】

（一）基础知识介绍

福星也泛指太阳系八大行星之一的行星——木星。福星是中国神话中的神仙之一,象征着能给大家带来幸福、未来以及希望的人或事物。福星头戴官帽,手持玉如意或手抱小孩,为一品天官大帝,天官赐福由此而来。作为民间吉祥如意的象征,在祝寿时,常在墙上悬挂寿联"福如东海、寿比南山"。

（二）典故传说

古人云岁（木星）所照耀者有福,故称福星。福星是中国神话中的幸运之神,与禄星、寿星并称为"福、禄、寿"的天神,其立于三星中央,多手抱小孩、如意、元宝、春联等吉祥物品。福、禄、寿三星,起源于远古的星辰自然崇拜。古人按照自己的意愿,赋予他们非凡的神性和独特的魅力。

（三）各类福星造型

各类福星造型如图 5-4-1 所示。

图 5-4-1　各类福星造型

Note

【成品标准】

　　面塑福星身披长袍,有很长的胡须,面目慈祥,头戴黑色官帽,色彩鲜艳。面塑福星成品如图 5-4-2 所示。

图 5-4-2　面塑福星成品展示

【制作过程】

　　面塑福星的制作过程如下。

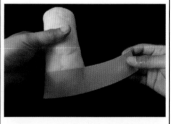

步骤一:将白色面团揉成福星身体的大体形状,安在铁丝支架上,将棕色面团擀成长方片作为福星身体底部的衬裙。

步骤二:用拨子按压出衬裙的纹路,将黄色面团擀成长方片并粘在福星身体的上部、中部,作为福星的外袍。

 Note

步骤三:将黑色面团粘在白色面团上,围在腰间,并压出衣纹制成福星的腰带,蓝色面团搓压成福星的飘带,另取两个黄色面团捏制成福星的两端袖子,并安在身体的两端。将捏制好的福星头安在相应位置。

步骤四:取肉色面团捏制出福星的手,再用肉色面团捏制出福星胸前抱的小孩。

步骤五:用拨子按压出福星衣服的褶皱,将小孩放在福星的手上,整理成型。

面塑福星
头的捏制

【评价标准】

评价内容	评价要求	配分	自评	互评	总分
成品标准	面塑福星身披长袍,有很长的胡须,面目慈祥,头戴黑色官帽,色彩鲜艳	2			
捏制手法	灵活运用粘、压、捏、拨、包等捏制手法	2			
捏制时间	200分钟	1			

【练习与作业】

1.讲述福星的典故传说。

2.制作完成福星的面塑成品。

Note

【拓展训练】

　　根据以下图片设计出不同造型的福星。

面塑财神的制作

扫码看课件

【学习目标】

通过欣赏神话中的财神造型,感知人物的形象特点,了解人物相关的典故传说及配色知识,尝试探索运用粘、压、捏、拨、包等捏制手法塑造形象,学会面塑财神头部、身体、手的捏制,在制作过程中体验自主探索、自由创作的乐趣,全面感受面塑艺术的魅力。

【知识准备】

(一)基础知识介绍

财神在中国道教中是主管世间财源的神明。财神主要分为两大类:一是道教赐封,二是中国民间信仰。道教赐封为天官上神,中国民间信仰为天官天仙。

(二)典故传说

在中国民间信仰中,财神是普遍供奉的一种主管财富的神明,财神又被分为文财神、武财神、君财神。

财神是道教俗神,中国民间流传着多种不同版本的说法。中斌财神:王亥(中);文财神:比干(东)、柴荣(南);武财神:关公(西)、赵公明(北)。还有其他四方财神:端木赐(西南)、李诡祖(东北)、范蠡(东南)、刘海蟾(西北)。以上就是曾被道教分为"四面八方一个中"的财神阵容。

财神倾注了中国劳动人民的朴素情感,寄托着安居乐业、大吉大利的美好心愿。

(三)各类财神造型

各类财神造型如图 5-5-1 所示。

图 5-5-1　各类财神造型

Note

【成品标准】

面塑财神体形魁梧,整体为红色,手捧玉如意,衣袖飘逸。面塑财神成品如图5-5-2所示。

图 5-5-2　面塑财神成品展示

【制作过程】

面塑财神的制作过程如下。

步骤一:用细铁丝和报纸包裹成财神的身体的骨架,先用黑色面团包裹,再用白色面团包裹住骨架。

 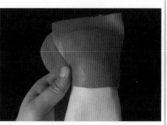 

步骤二:将红色面团包裹在白色面团上,制成财神的外袍。

Note

 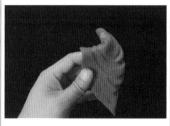 

步骤三：用拨子压出衣服的褶皱，将黑色面团制作成衣服的绶带，并捏出财神的袖子。🖥

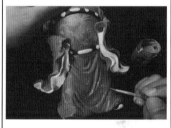  

步骤四：将衣袖弯成自然飘拂状，用笔沾金粉画出衣服上的神兽，用肉色面团捏出财神的双手。

步骤五：捏出财神的头部、胡须和五官，捏出头发，将白色面团揉成若干个小球粘在帽子上。

步骤六：用彩色面团捏出财神的官帽，将绿色面团和蓝色面团捏制出的玉如意放在财神手上。整理成型。

面塑财神
衣服的捏制

Note

【评价标准】

评价内容	评价要求	配分	自评	互评	总分
成品标准	面塑财神体形魁梧，整体为红色，手捧玉如意，衣袖飘逸	2			
捏制手法	灵活运用粘、压、捏、拨、包等捏制手法	2			
捏制时间	200 分钟	1			

【练习与作业】

1. 讲述财神的典故传说。

2. 制作完成财神的面塑成品。

【拓展训练】

根据以下图片设计出不同造型的财神。

任务六

面塑关公的制作

扫码看课件

【学习目标】

通过欣赏历史中的关公造型，感知关公的形象特点，了解人物相关的典故传说及配色知识，尝试探索运用粘、压、捏、拨、缠等捏制手法塑造形象，学会面塑关公头部、身体、手、大刀的捏制，在制作过程中体验自主探索、自由创作的乐趣，全面感受面塑艺术的魅力。

【知识准备】

（一）基础知识介绍

关羽，字长生，后改云长，河东郡解县（今山西运城）人，被称为"美髯公"。早年与刘备、张飞桃园三结义，虽受曹操厚待，仍追随刘备。后关羽在与徐晃的交战中失利，最终进退失据，兵败被杀。关羽去世后，逐渐被神化，民间尊其为"关公"。

（二）典故传说

有次关公带兵出征，中了毒箭，右臂不能动弹，请名医华佗为其疗伤。华佗检查后发现，关羽右臂毒已侵入骨头里，普通药物无法治疗，只有割开肉皮，用刀子刮去骨头上的毒才能治好，可当时并没有麻醉药，为了镇痛，关羽叫人拿来围棋，他一边喝酒，一边与人下棋，华佗则为他刮骨疗毒。整个过程中，关羽一声都没有叫嚷，骨头上的箭毒被刮完时下面接血的盆子已经滴满鲜血。治疗结束后，关羽的手臂就不疼且能动了。关羽大笑着夸华佗是神医，华佗则钦佩关羽是天神下凡，这样的疼痛都能承受。

（三）各类关公造型

各类关公造型如图 5-6-1 所示。

工笔画武财神关公　　石雕武财神关公　　铜雕武财神关公　　木雕武财神关公

图 5-6-1　各类关公造型

Note

【成品标准】

关公面塑身材魁梧,髯须飘飘,丹凤眼,卧蚕眉,面如重枣,唇若涂脂,右手捋长髯,左手持青龙偃月刀,青衫绿袍,威风凛凛,霸气十足。面塑关公成品如图5-6-2所示。

图5-6-2　面塑关公成品展示

【制作步骤】

面塑关公的制作过程如下。

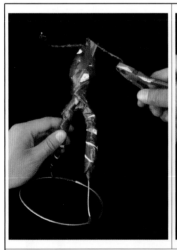 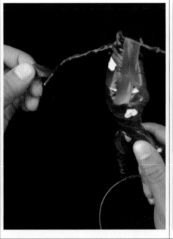 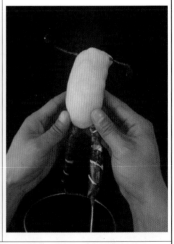

步骤一:将铁丝捏制出关公身体的轮廓,并用胶带缠好,把白色面团粘在铁丝上,做成上部身体。

 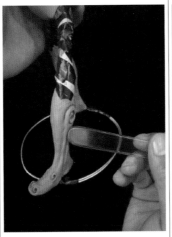 

步骤二:用灰色面团制作出脚部和腿部并粘在铁丝上,用拨子压出纹路。

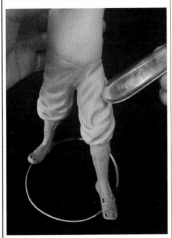 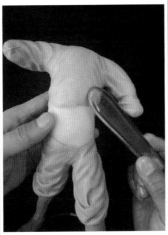 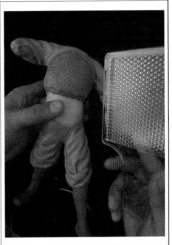

步骤三:将藏青色面团缠裹在大腿上部,用拨子压出裤子和上衣的纹路,将灰色面团粘在肚子上,并用压板压出盔甲纹路。

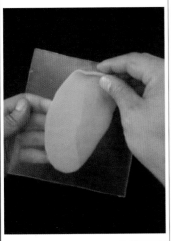  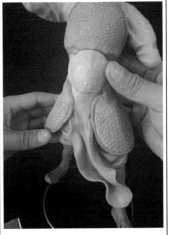

步骤四:将一块绿色面团压成薄片并粘在腰上,做成飘动的衣裙。

Note

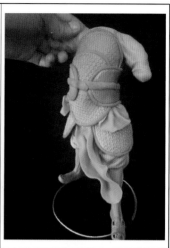

步骤五：用蓝色面团和橙色面团捏制出外盔甲，包裹在身体的中部。🖥

步骤六：将藏蓝色面团制作成神兽和护心镜图案，粘在身体相应的部位，取肉色面团捏制出关公的头部。🖥

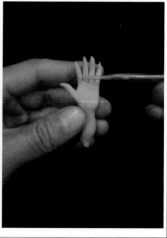

步骤七：用拨子将关公的眉眼进一步细化，并安上绿色头巾和双耳。用肉色面团捏制出双手。

 Note

  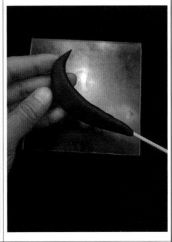

步骤八:用黑色面团捏制出关公的美髯,粘在相应的位置,取一个黑色面团,捏制出大刀的轮廓,并插上竹签。

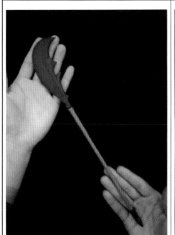  

步骤九:进一步细化大刀,将大刀的刀头刷上银粉,刀把两端刷金粉。刀身用红色面团包裹,组装。整理成型。

【评价标准】

评价内容	评价要求	配分	自评	互评	总分
成品标准	面塑关公身材魁梧,髯须飘飘,丹凤眼,卧蚕眉,面如重枣,唇若涂脂,右手捋长髯,左手持青龙偃月刀,青衫绿袍,威风凛凛,霸气十足	2			
捏制手法	灵活运用粘、压、捏、拨、缠等捏制手法	2			
捏制时间	200 分钟	1			

【练习与作业】

　　1.讲述关于关公的典故传说。

　　2.制作完成关公的面塑成品。

【拓展训练】

　　根据以下图片设计出不同造型的关公。

面塑嫦娥的制作

扫码看课件

【学习目标】

通过欣赏神话中的嫦娥奔月造型,感知人物的形象特点,了解人物相关的典故传说及配色知识,尝试探索运用粘、压、捏、拨、包等捏制手法塑造形象,学会面塑嫦娥头部、身体、手的捏制和搭骨架的手法,在制作过程中体验自主探索、自由创作的乐趣,全面感受面塑艺术的魅力。

【知识准备】

(一)基础知识介绍

嫦娥,本称姮娥,中国上古神话中的仙女,三皇五帝之一帝喾(天帝帝俊)的女儿、后羿(大羿)之妻,美貌非凡。嫦娥与后羿开创了一夫一妻制的先河,后人为了纪念他们,演绎出了嫦娥奔月的故事,民间多有其传说以及诗词歌赋流传。

(二)典故传说

后羿射下九个太阳,受到百姓的尊敬和爱戴,不少志士慕名前来投师学艺。奸诈刁钻、心术不正的逢蒙也混了进来。后羿向西王母求得一包不死药,交予嫦娥保管。逢蒙趁后羿外出,逼迫嫦娥交出不死药,嫦娥危急之时将药吞下,不多时便飘离地面,飞落月亮上成了仙。后羿回家寻妻不得,捶胸顿足,仰望月亮呼唤嫦娥名字。他的呼唤惊动了上天,皎洁的月亮上,果然出现嫦娥的身影。后羿急忙摆上香案,放上她平时最爱吃的蜜食鲜果,遥祭在月宫里的嫦娥。而百姓们闻知嫦娥奔月成仙的消息后,也纷纷在月下摆设香案,遥祭嫦娥。后来月母被后羿的真情所打动,允许嫦娥在月圆之日与后羿在月桂树下相会。从此,中秋节拜月的风俗在民间传开了。

(三)各类嫦娥奔月造型

各类嫦娥奔月造型如图 5-7-1 所示。

【成品标准】

面塑嫦娥黑发玉肌,秀丽婀娜,身着粉红色罗裙,肩披橘黄色彩带,衣袂飘飘,双脚稳踏祥云,右手持挑灯,面朝弯月呈奔月状。面塑嫦娥成品如图 5-7-2 所示。

工笔画嫦娥奔月

铜雕嫦娥奔月

玉雕嫦娥奔月

木雕嫦娥奔月

图 5-7-1　各类嫦娥奔月造型

图 5-7-2　面塑嫦娥成品展示

【制作过程】

面塑嫦娥的制作过程如下。

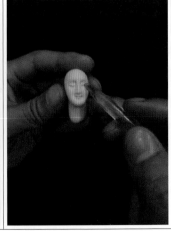

步骤一:取一块浅绿色面团粘在铁丝上,用拨子挑出纹路,将白色面团粘在铁丝上并挑出嫦娥衣裙纹路,用肉色面团捏制出头的形状。

面塑嫦娥
头的捏制

Note

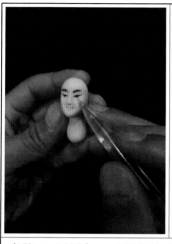

步骤二：用黑色面团捏出嫦娥的眼睛、头发等，并用彩色面团捏制出嫦娥的头花，将淡粉色面团压成薄片并包裹身体，压出衣纹。

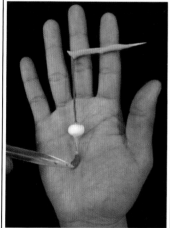

步骤三：取红色、白色、黄色面团制作出宫灯，将黄色面团压扁成长条状并粘在铁丝上，制成嫦娥的飘带。

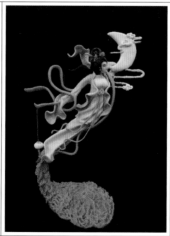

步骤四：用白色面团捏制出月亮和祥云粘在嫦娥的身上，用橙色粉末在脸部刷上淡妆，点缀。整理成型。

Note

【评价标准】

评价内容	评价要求	配分	自评	互评	总分
成品标准	面塑嫦娥黑发玉肌,秀丽婀娜,身着粉红色罗裙,肩披橘黄色彩带,衣袂飘飘,双脚稳踏祥云,右手持挑灯,面朝弯月呈奔月状	2			
捏制手法	灵活运用粘、压、捏、拨、包等捏制手法	2			
捏制时间	200 分钟	1			

【练习与作业】

　　1.讲述关于嫦娥奔月的传说故事。

　　2.制作完成嫦娥奔月的面塑成品。

【拓展训练】

　　根据以下图片设计出不同造型的嫦娥。

面塑哪吒的制作

扫码看课件

【学习目标】

通过欣赏神话中的哪吒闹海造型,感知哪吒的形象特点,了解人物相关的典故传说及配色知识,尝试探索运用粘、压、捏、拨、挑等捏制手法塑造形象,学会面塑哪吒头部、身体及龙的捏制和搭骨架的手法,在制作过程中体验自主探索、自由创作的乐趣,全面感受面塑艺术的魅力。

【知识准备】

(一)基础知识介绍

哪吒,中国古代神话传说人物,道教护法神。哪吒信仰兴盛于道教与民间信仰,在道教的头衔为中坛元帅、通天太师、威灵显赫大将军、三坛海会大神等,俗称太子爷、三太子。哪吒出生奇异,一身神器,能变化三头六臂又或三头八臂,百邪不侵,专克摄魂夺魄的莲花化身。哪吒以少年英雄方式传扬,受孩子们的欢迎和喜爱。

(二)典故传说

传说托塔李天王在陈塘关做总兵时,夫人生下一个肉蛋,李天王认为是不祥之物,一剑劈开,蹦出一个手套金镯、腰围红绫的俊俏男孩,这就哪吒。哪吒自幼喜欢习武,有一天,他同小朋友在海边嬉戏,正好碰上东海龙王三太子出来肆虐百姓、残害儿童,小哪吒挺身而出将其打死,抽了它的筋。东海龙王得知勃然大怒,降罪于哪吒的父亲,随即兴风作浪,口吐洪水。小哪吒不愿牵连父母,于是自己剖腹、剜肠、剔骨,还筋肉于双亲,借着荷叶莲花之气脱胎换骨,变作莲花化身的哪吒。后来大闹东海,砸了龙宫,捉了龙王。

(三)各类哪吒造型

各类哪吒造型如图 5-8-1 所示。

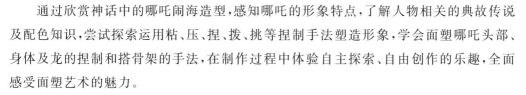

【成品标准】

哪吒面如傅粉,右手持乾坤圈,臂缠混天绫,黄袄蓝裤红肚兜,金光射目,做降龙状。面塑哪吒成品如图 5-8-2 所示。

Note

工笔画哪吒闹海

瓷雕哪吒闹海

木雕哪吒闹海

玉雕哪吒闹海

图 5-8-1　各类哪吒造型

图 5-8-2　面塑哪吒成品展示

【制作过程】

    面塑哪吒的制作过程如下。

Note

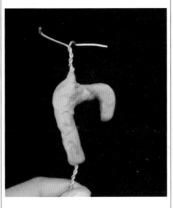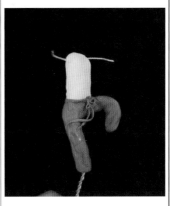

步骤一：将蓝色面团包裹在铁丝制成的腿部骨架上，制成哪吒的腿部。取黄色面团捏成身体形状。

步骤二：取一块红色面团压成薄片粘在身体上，作为哪吒的肚兜。把黄色面团压成薄片捏制成哪吒的外衣。

步骤三：用肉色面团捏出双手并粘在身体两侧，用拨子将蓝白色面团挑出浪花做底托。取肉色面团制作出哪吒的头部。

面塑哪吒
头的捏制

Note

面塑哪吒头发的拼摆

步骤四:将捏制的头部细化并粘在身体上,用红色面团做成长条混天绫安在哪吒的身体上,把捏制好的龙与哪吒放在一起,整理成型。🖥

【评价标准】

评价内容	评价要求	配分	自评	互评	总分
成品标准	哪吒面如傅粉,右手持乾坤圈,臂缠混天绫,黄袄蓝裤红肚兜,金光射目,做降龙状	2			
捏制手法	灵活运用粘、压、捏、拨、挑等捏制手法	2			
捏制时间	200分钟	1			

【练习与作业】

1.讲述哪吒闹海的典故传说。

2.制作完成哪吒闹海的面塑成品。

【拓展训练】

根据以下图片设计出不同造型的哪吒。

附录

一、面塑工具的介绍

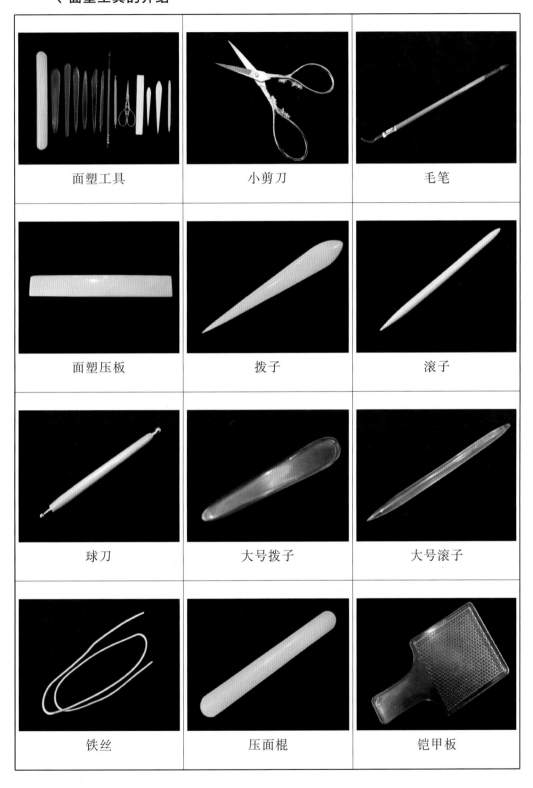

面塑工具	小剪刀	毛笔
面塑压板	拨子	滚子
球刀	大号拨子	大号滚子
铁丝	压面棍	铠甲板

Note

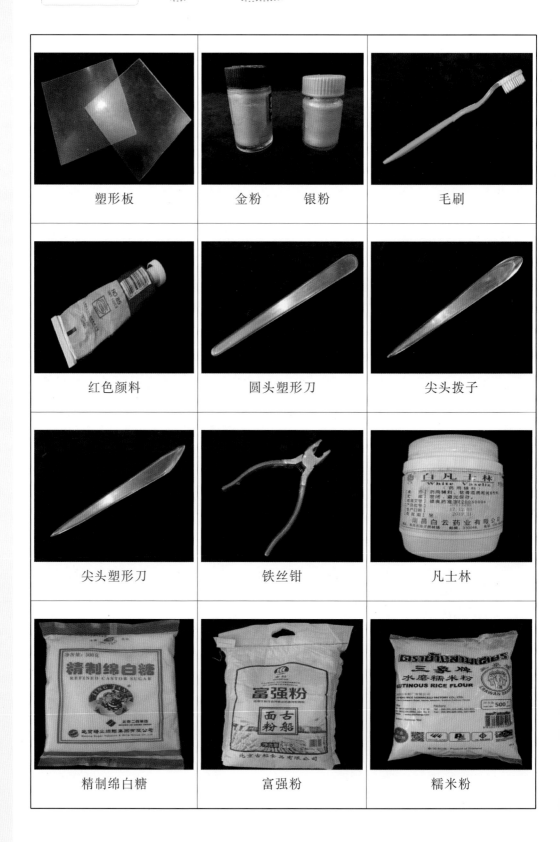

塑形板	金粉　　银粉	毛刷
红色颜料	圆头塑形刀	尖头拨子
尖头塑形刀	铁丝钳	凡士林
精制绵白糖	富强粉	糯米粉

二、蒸面过程

步骤一:在第一个码斗中放入 20 g 苯甲酸钠,在第二个码斗中放入 500 g 面粉。

步骤二:在第三个码斗中放入 100 g 的白糖,在第四个码斗中放入 100 g 糯米粉,在第五个码斗中盛入 380 g 清水。

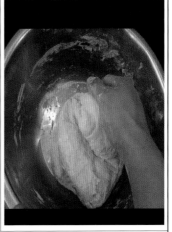

步骤三:都盛完后,将前四个码斗的物品混合,再放水揉一起,揉至上劲。

Note

步骤四：揉好后用保鲜膜封好放上蒸锅蒸 10～20 分钟。

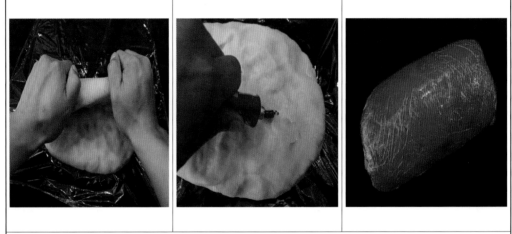

步骤五：蒸好后拿出，涂上凡士林揉白，最后加上红颜料揉成红色面团，制作完成。

结束语：

　　面塑，俗称面花、礼馍、花糕、捏面人，是源于山东、山西、北京等地的中国民间传统艺术之一。面塑以面粉为主料，调成不同色彩，用手和简单工具，塑造出各种栩栩如生的形象。

　　捏面艺人根据所需随手取材，在手中几经捏、搓、揉、掀，用小竹刀灵巧地点、切、刻、划，塑成身、手、头面，披上发饰和衣裳，顷刻之间，栩栩如生的艺术形象便脱手而成。